U0041579

繽紛美味的休日餐桌，

162 道 IG 人氣食譜的食材搭配 × 裝飾技巧

九宮格早午餐

AYA 著 周雨枏 譯

Prologue／前言

「希望能讓孩子們吃到他們滿心期待的美味早餐！」
是我開始製作九宮格早餐麵包的動機。

平常日的早晨忙到不行……
但唯有星期天早上，兩個女兒會沉迷於她們最喜歡的電視節目裡。
於是我靈機一動：
「雖無法每天做，不過若使用星期天早晨的時間，
應該就可以做出有趣的早餐吧！？」
有了這個想法，我便立刻想要著手做點什麼。

我開始思考，什麼是有趣的早餐呢？
讓人看了便會躍躍欲試的繽紛色彩，
像飯店的自助餐一樣，吃之前能讓人享受選擇要吃哪樣的樂趣，
比起只吃一樣就讓人飽腹，
做成迷你尺寸更能讓人邊吃邊享受不同外觀和味道。

綜合以上的想法，再加入巧思設計放在迷你吐司上的料，
做出的便是 3×3＝九宮格迷你吐司的開放式三明治。

孩子們看到成品後十分雀躍：
「哇！好像店裡賣的！」
「我要先吃哪個和哪個好呢」
看著兩人選擇到底要吃哪個的樣子，
我心想，看起來是非常成功！？可說是感到相當滿足（笑）。

自此之後，我為了看到大家開心的表情，
做出了各色各樣的九宮格早餐麵包及早餐。
我的孩子和先生都很喜歡九宮格早餐麵包。
不過，能夠做出讓大家如此開心的料理，
最高興的人應該是我自己吧。

僅靠著改變放上的料和配色，裝飾方法，
任何人都能簡單做出九宮格早餐麵包。
大家要不要也來試著做做看九宮格早餐麵包呢？

AYA(@aya_m08)

CONTENTS ／目次

CONTENTS／目次

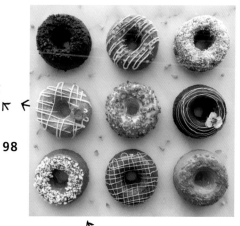

3×3 九宮格裝飾技法

Hamburger

Ham & Cheese

Heart Jam Cheese

Curry

Gratin

Bacon & Egg

Strawberry

Avocado

Ham & Egg

開放式
迷你吐司三明治
3 × 3

抱著「想要做出視覺效果驚人的開放式三明治！」的心情所完成的作品。
應用滿滿的小技巧，做出格子和水滴等形狀，讓吐司搖身一變成為歡樂的遊樂園。

火腿起司

材料
火腿… 1 片　　　　起司片… 1 片
奶油… 適量
製作
① 起司片配合吐司的形狀切成正方形。
② 準備 18 片火腿，切成邊長為步驟①起司片 1／6 長的正方形。
③ 吐司塗上奶油後稍微烤一下。
裝飾
① 於麵包上放上起司片，於左上角放上一片切成正方形的火腿。右方空一格後再放上一片火腿，再空一格後再放上一片火腿。用上述方法將火腿在整片吐司上排放好（見 P108）。重點在要讓縱、橫、斜向的線都對齊，排成棋盤狀。

※拍完照，要吃之前再烤一下會更好吃。

漢堡排

材料
迷你漢堡排（亦可使用現成市售品）… 1 個
起司片、鵪鶉蛋、小番茄… 各 1
絹豌豆02（荷蘭豆亦可）… 1 個
綠葉萵苣… 1／3 片
美乃滋、番茄醬、奶油… 各適量
製作
① 鵪鶉蛋水煮後切半。起司片切成和吐司一樣大小。小番茄切片，絹豌豆稍微燙過後去除筋絲切半。
② 吐司塗上奶油後稍微烤一下。
裝飾
① 於烤過的吐司上依序放上綠葉萵苣、起司片、漢堡排。此時將起司像 P8 一樣斜斜擺放看起來會更可愛。
② 漢堡排淋上番茄醬，放上番茄。於番茄上擠上美乃滋，再放上鵪鶉蛋，切面朝上。若鵪鶉蛋放不上去，可以將底部和美乃滋的接觸面稍微削平讓鵪鶉蛋站穩。
③ 最後斜放上絹豌豆，依個人喜好灑上粗粒黑胡椒（未包含於食譜中，請自行酌量追加）。

草莓

材料
卡士達醬（亦可使用現成市售品或鮮奶油）… 約 2 大匙
草莓… 3 個
製作
① 麵包塗上卡士達醬後稍微烤一下。
② 草莓去蒂切片，切成 4 等份。
裝飾
① 草莓切成 4 等份，將中間的兩片從上而下排列堆疊於吐司的左右兩邊。
② 草莓的側面朝外，從上而下排列堆疊出正中央的草莓列。依個人喜好灑上糖粉（未包含於食譜中，請自行酌量追加）。

咖哩

材料
咖哩
（前一天的剩菜或者調理包皆可）… 適量
蘆筍… 2 支　　　　鵪鶉蛋… 1 個
小番茄… 2 個　　　綜合起司… 適量
鹽、胡椒… 各少許
巴西利… 適量
製作
① 蘆筍切成吐司對角線的長度，用平底鍋稍微煎過後灑上鹽和胡椒。
② 鵪鶉蛋水煮後切半。麵包塗上咖哩灑上綜合起司後稍微烤一下。
裝飾
① 將蘆筍斜放於烤過的吐司上，蘆筍上下方的空間放上水煮鵪鶉蛋，放置時切面朝上。
② 剩下的空間放上小番茄，最後灑上巴西利即成。

心型果醬起司

材料
起司片… 1 片
草莓果醬… 適量

02　小型的日本豌豆莢品種。台灣一般常見的豌豆莢品種為後面的荷蘭豆。

製作
❶ 起司片切成和吐司一樣大小，草莓果醬放入食品用小夾鍊袋充分搓揉。
裝飾
❶ 先用心型壓模在起司上比一下確認一列可以排下幾個心型。稍微有點概念後，從起司的左上方用壓模壓出心型，再將壓出的起司放到緊鄰的右側。以上述方法考慮到全體的間隔去壓模，滑動塑膠紙，將起司放到吐司上（見 P109）。
❷ 將壓好形狀的起司放到吐司上後，將裝了草莓果醬的小夾鍊袋剪去一丁點，於空心的心型處擠上草莓果醬，果醬要稍微堆出高度（見 P109）。

酪梨

材料
起司片（切達起司亦可）… 1 片
酪梨… 1／4 個　　美乃滋、奶油… 各適量
粗粒黑胡椒… 少許
製作
❶ 起司片切成和吐司一樣大小，置於塗了奶油的麵包上稍微烤一下。
❷ 酪梨切成薄片，美乃滋放入食品用小夾鍊袋中。
裝飾
❶ 將酪梨排列於烤過的吐司上，每片要稍微重疊（見 P113）。
❷ 將裝有美乃滋的夾鍊袋剪去一丁點，迅速擠上美乃滋。最後灑上粗粒黑胡椒即成。

焗烤

材料
焗烤（前一天的剩菜或者冷凍食品皆可）…適量　　　　　　綜合起司… 適量
青花椰菜… 1 朵　　巴西利… 少許
製作
❶ 於吐司上放上焗烤（若使用冷凍食品則事先解凍好）和起司去烤，烤到起司融化的程度。
❷ 青花椰菜可水煮或者用微波爐加熱，再分切成三朵。

裝飾
❶ 將青花椰菜均勻排列於麵包上。
❷ 最後灑上巴西利即成。

培根蛋

材料
蘆筍… 2 支　　　　半片培根… 2 片
鵪鶉蛋… 1 個　　　奶油… 適量
美乃滋… 適量　　　粗粒黑胡椒… 少許
製作
❶ 蘆筍切成約一半的長度。用平底鍋煎一下培根和蘆筍，並用鵪鶉蛋做出荷包蛋。
❷ 吐司塗上奶油後稍微烤一下。美乃滋放入食品用小夾鍊袋中。
裝飾
❶ 將培根排列在烤過的吐司上，直到完全覆蓋吐司白色部分。
❷ 蘆筍斜放，再放上用鵪鶉蛋做的荷包蛋。
❸ 將裝有美乃滋的小夾鍊袋剪去一丁點，迅速擠出格子狀的美乃滋。最後灑上粗粒黑胡椒即成（見 P113）。

火腿蛋

材料
蛋… 1 個
砂糖、鹽… 各少許
火腿… 1 片
美乃滋… 適量
製作
❶ 依個人喜好在打好的蛋液中加入砂糖和鹽，做成薄薄的煎蛋片。將薄煎蛋片裁切成吐司大小。
❷ 使用壓模壓出圓形的火腿片。
❸ 吐司塗上美乃滋後再稍微烤一下。
裝飾
❶ 將薄煎蛋片放在烤過的吐司上。
❷ 放上火腿，讓縱、橫、斜向的線都對齊，排成棋盤狀。祕訣是要將排在邊邊的火腿切成半圓等形狀（見 P110）。還不熟練時可以從正中央的那行開始排，再一邊計算適當間隔一邊排左右兩行比較容易排得漂亮。

吐司

for
MAMA & PAPA

迷你吐司

3×3九宮格雖然用的是迷你吐司，若只想做一種口味，也可以採大人的份用普通的吐司，小孩的份用迷你吐司去做的方法。大小不同的兩種吐司擺在一起也很可愛！

for KIDS

厚片吐司也可以
起司 × 草莓果醬吐司

吐司可以隨意切成自己想要的厚度。切成比平常還要厚可
做出份量十足的早餐♪
搭配加了彩椒和小番茄的繽紛沙拉，更加多采多姿。

搭配季節水果與鮮花做出
大人的早餐

將九宮格迷你吐司和法國麵包各四片排列於盤子上。切一點
當季的水果均衡地擺放上去做成開放式三明治，再擺些鮮
花……看起來活力充沛的「大人的早餐」即大功告成。

香菇
山型吐司
3 × 3

將山型吐司做成香菇的形狀。利用市售的
迷你山型吐司就可做出。
圓嘟嘟的可愛形狀再放上水果和鮮奶油，
讓吐司變成像甜點一樣！

Strawberry

Heart

Cookie & Cream Cheese

Orange

Banana & Chocolate

Sweet Bean Paste & Butter

Soybean Flour

Tomato

Honey & Nuts

HONEY

17

草莓

材料
草莓… 2 ～ 3 個
奶油起司… 適量

製作
❶ 奶油起司放室溫軟化或者用微波爐加熱軟化。將變軟的奶油起司塗滿吐司，再稍微烤一下。
❷ 草莓去蒂後縱切成 2 ㎜厚的切片。

裝飾
❶ 草莓切片置於吐司的山型部分，配合吐司的寬度調整放置的數量，依序朝下堆疊。

柳 橙

材料
巧克力醬（融化的巧克力亦可）… 適量
蜂蜜柳橙（亦可使用現成市售品）… 3 片
巧克力… 2 小塊
薄荷… 適量

製作
❶ 吐司塗上巧克力醬後稍微烤一下。
❷ 巧克力切成邊長 5 ㎜的小塊。

裝飾
❶ 柳橙不要從中央開始放（見 P20），而是從邊邊開始緊緊排列，並切掉超出吐司邊緣的部分。將巧克力塊置於柳橙的中央部分。最後放上薄荷葉即成。

巧克力香蕉

材料
香蕉… 1 根
巧克力醬（融化的巧克力亦可）… 適量
巧克力… 2 小塊
核桃… 適量

製作
❶ 吐司塗上巧克力醬後稍微烤一下。
❷ 香蕉切成厚 5 ㎜的切片。巧克力放入食品用小夾鏈袋中隔水加熱使其融化（見 P114）。核桃放入塑膠袋中，自上方用擀麵棒之類的器具敲碎。

裝飾
❶ 將切片的香蕉自山型部分開始堆疊排列，再灑上一點核桃碎。
❷ 將裝了融化巧克力的小夾鏈袋剪去一丁點，從上方擠出網狀花紋的巧克力。

各式心型

材料
起司片… 1 ／ 4 片
切達起司… 1 ／ 4 片
草莓… 1 個
奶油… 適量

製作
❶ 吐司塗上奶油後烤至稍微呈金黃色。
❷ 將兩種起司用小的心型壓模壓出心型。草莓切成厚 3 ㎜的切片，一樣壓出心型。

裝飾
❶ 將準備好的三種心型排滿吐司，注意同一種心型不要排在一起。方向也不要都朝向同一方向。

紅豆奶油

材料
紅豆餡
（顆粒餡，可使用現成市售品）… 適量
奶油（建議使用已切小塊的奶油）… 10g
製作
①用壓模將奶油壓出心型。
②壓完剩下的奶油塗在吐司上，稍微烤過。
裝飾
①將紅豆餡（顆粒餡）塗滿吐司，在紅豆餡上吐司中央處放上壓成心型的奶油。

※ 拍照後要吃之前再烤一下讓奶油融化會更好吃。

 ## 黃豆粉

材料
黃豆粉、砂糖… 各 1 大匙
（※ 若要增加黃豆粉和砂糖，必須維持 1：1 等比例增量）
奶油… 適量
製作
①黃豆粉和砂糖放入碗裡混合備用。
②吐司塗上奶油後稍微烤一下。
裝飾
①將拌勻的黃豆粉和砂糖均勻灑滿吐司表面。

 ## 餅乾佐奶油起司

材料
奶油起司… 15g
巧克力餅乾（市售品）… 1 又 1／2 片
製作
①奶油起司放室溫軟化或者用微波爐加熱軟化。巧克力餅乾放到塑膠袋之類的袋子中封好，自上方用擀麵棒之類的器具敲碎。
②將敲碎的巧克力餅乾和變軟的奶油起司放到碗中攪拌混合。吐司烤至稍微呈金黃色。
裝飾
①將混合的奶油起司餅乾厚厚塗到烤過的吐司上，稍微堆出一點高度。

 ## 番茄

材料
奶油起司… 適量
小番茄（建議使用彩色小番茄）… 2～3 個
製作
①奶油起司放室溫軟化或者用微波爐加熱軟化。
②吐司塗上變軟的奶油起司後稍微烤一下。番茄切成厚 2 mm 的切片。
裝飾
①自山型部分開始向下堆疊排列，盡量讓不同顏色的番茄排在一起。

 ## 蜂蜜堅果

材料
蜂蜜堅果… 適量
（製作方法參考下方＊的說明）
奶油起司… 適量　　無花果乾… 1／2 個
製作
①奶油起司放室溫軟化或用微波爐加熱軟化。
②吐司塗上變軟的奶油起司後稍微烤一下。無花果乾切成適當大小。
裝飾
①將蜂蜜堅果放上吐司，盡量讓各個種類的堅果平均分布排列。
②放上無花果乾，擺放時要看得到橫切面。

＊蜂蜜堅果的製作方法

材料
綜合堅果（腰果、核桃、杏仁、開心果等）… 適量
蔓越莓乾… 適量
蜂蜜… 約綜合堅果重量之一半
製作
①綜合堅果用預熱至 160℃的烤箱烘烤 10 分鐘。於綜合堅果中拌入蔓越莓乾，最後加入蜂蜜攪拌。

只要一開始從正中央開始擺放，之後不管怎麼放看起來都不可愛……會忍不住一直注意中央的那片柑橘片，而且空隙也很刺眼。

POOR!

柑橘片 的裝飾

一開始盡量在麵包上擺上越多切片越好，就算切片超出去麵包範圍也沒關係，之後再切掉超出麵包邊緣的部分。如此也可減少空隙，看起來較熱鬧。

GOOD!

方法　柳橙和檸檬等柑橘系的切片是能讓開放式三明治錦上添花的重要材料。不過，就算是同一種切片也會因擺放方法的不同而徹底改變整體的裝飾。請比較看看上面兩張照片！

Raw Ham Salad

Honey & Nuts

Mango

Margherita

Pastrami Beef & Olive

Mentaiko

22

Honey Lemon & Tomato

Avocado

Kinpira

開放式
法國麵包三明治 1

3×3

法國麵包無論其大小或者脆脆的口感，都很適合做成九宮格早餐麵包。麵包可因切法不同呈圓形或者斜長形，就算上面放的是相同的食材，也可做出不同感覺的開放式三明治。

生火腿沙拉

材料

生火腿… 1 片　　　　小番茄… 1 個
蛋… 1 個　　　　　　綠葉萵苣… 1／3 片
綜合起司、綜合葉菜… 各適量
粗粒黑胡椒、美乃滋… 各適量

製作

❶ 將起司灑上法國麵包，烤至起司融化為
止。製作水波蛋（製作方法參考下方＊的
說明）。
❷ 番茄切半。美乃滋放入食品用夾鏈袋中。

裝飾

❶ 將綠葉萵苣、水波蛋、生火腿、綜合葉
菜、小番茄依序均勻排放於烤過的法國麵
包上。
❷ 將裝有美乃滋的小夾鏈袋剪去一丁點，擠
出網狀花紋。最後灑上粗粒黑胡椒即成。

＊水波蛋的製作方法

材料

蛋… 1 個
水… 1ℓ
醋… 1 大匙

製作

❶ 用小鍋煮一鍋熱水，將蛋打至碗或
其他器皿中。
❷ 待熱水沸騰後加入醋，用鍋勺輕輕
攪動熱水製造水流，再將打好的蛋
輕輕下鍋。
❸ 用鍋勺將擴散的蛋白朝蛋黃集中，
煮 2 ～ 3 分鐘。
❹ 輕輕取出水波蛋再用廚房紙巾擦乾。

蜂蜜堅果

材料

蜂蜜堅果（製作方法請參考 P19）… 適量
奶油起司… 1 大匙

製作

❶ 奶油起司置於室溫軟化。法國麵包塗上變
軟的奶油起司後稍微烤一下。

裝飾

❶ 將蜂蜜堅果放上麵包，盡量讓各個種類的
堅果平均分布。依個人喜好加上一些切碎
的無花果乾（未包含於食譜中，請自行酌
量追加）。

蜂蜜檸檬佐番茄

材料

小番茄… 2 個
蜂蜜檸檬（製作方法請參考 P97）… 3／4 片
奶油起司… 1 大匙

製作

❶ 奶油起司置於室溫軟化。法國麵包稍微烤
一下。
❷ 小番茄 1 個切成 3 ～ 4 片，切除兩側有弧
度的部分。將 1 片蜂蜜檸檬片切成 4 等份。

裝飾

❶ 法國麵包塗上奶油起司，將番茄片沿著麵
包圓周排列，上方再像照片一樣平均放上
3 片蜂蜜檸檬。最後將番茄置於中央。

芒果

材料

冷凍芒果… 適量
奶油起司… 1 大匙
蜂蜜檸檬
（製作方法請參考 P97）… 1／4 片
（「蜂蜜檸檬佐番茄」食譜所剩）

製作

❶ 奶油起司置於室溫軟化。法國麵包稍微烤
一下，芒果切成適當大小。

裝飾

❶ 法國麵包塗上奶油起司，再擺滿芒果。中
央放上蜂蜜檸檬。

瑪格麗特風

材料

小番茄… 1 個　　　　起司片… 1／4 片
番茄醬汁、羅勒… 各適量

製作

1. 小番茄去蒂切成 3 片。起司片用圓形壓模壓出形狀。

裝飾

1. 法國麵包塗上番茄醬汁，依番茄、起司、番茄、起司的順序交錯擺放，沿著麵包的圓周鋪滿一圈。
2. 烤至起司融化，最後均勻放上羅勒即成。

※就算沒有昂貴的馬札瑞拉起司，也可以用起司片代替。

酪梨

材料

酪梨… 1／4～1／2 個
奶油起司… 1 大匙
檸檬汁、粗粒黑胡椒、鹽… 各少許

製作

1. 奶油起司置於室溫軟化。法國麵包塗上奶油起司後烤至稍微呈金黃色。酪梨切成厚 2 mm的切片。

裝飾

1. 於法國麵包上放上酪梨片，擺放時將酪梨片稍微重疊，淋上檸檬汁。用叉子背面壓平重疊的酪梨片。最後灑上粗粒黑胡椒和鹽即成。

燻牛肉佐橄欖

材料

燻牛肉… 1～2 片
橄欖… 1 顆
綜合生菜葉… 適量
綜合起司… 適量
美乃滋、粗粒黑胡椒、鹽… 各適量

製作

1. 法國麵包塗上美乃滋再灑上起司，烤至起司融化為止。橄欖切成厚 2 mm的輪切片。

裝飾

1. 於法國麵包上放上綜合生菜葉、燻牛肉，在空的地方疊放上橄欖片。最後灑上粗粒黑胡椒和鹽即成。

明太子

材料

明太子… 1／2 大匙　美乃滋… 1／2 大匙
奶油、海苔絲… 各適量

製作

1. 將明太子和美乃滋攪拌混合。

裝飾

1. 法國麵包塗上奶油，再塗上明太子美乃滋後烤至稍微呈金黃色。（依個人喜好亦可放上起司）。最後以海苔絲裝飾。

金平蓮藕

材料

金平03蓮藕（金平牛蒡亦可）… 適量
（製作方法參考下方＊的說明）
綠葉萵苣… 1／3 片
美乃滋、綜合起司、芝麻… 各適量

製作

1. 法國麵包塗上美乃滋，放上綜合起司烤至起司融化為止。

裝飾

1. 於烤過的法國麵包上放上綠葉萵苣和大量金平蓮藕，最後灑上芝麻即成。

> ＊ 金平蓮藕 的 製作方法
>
> 材料
>
> 蓮藕… 300g　　　紅蘿蔔… 適量
> 味醂… 2 大匙　　醬油… 2 大匙
> 砂糖… 1 大匙多
> 麻油、芝麻… 各適量
>
> 製作
>
> 1. 蓮藕去皮，切成 3～5 mm厚的切片泡至水中。紅蘿蔔切細絲。
> 2. 平底鍋中加入麻油加熱，聞到香氣後加入蓮藕和紅蘿蔔去炒。
> 3. 蓮藕炒熟後加入砂糖、味醂、醬油煮至醬汁收乾，最後再灑上芝麻。

法國麵包 de 早餐

排成3×3九宮格拍完照後，便可移到盤子裡開始享用早餐♪
選好喜歡的口味後放到自己的盤子裡再搭上蔬菜或者水果，
就完成了專屬於我，全世界最棒的早餐！

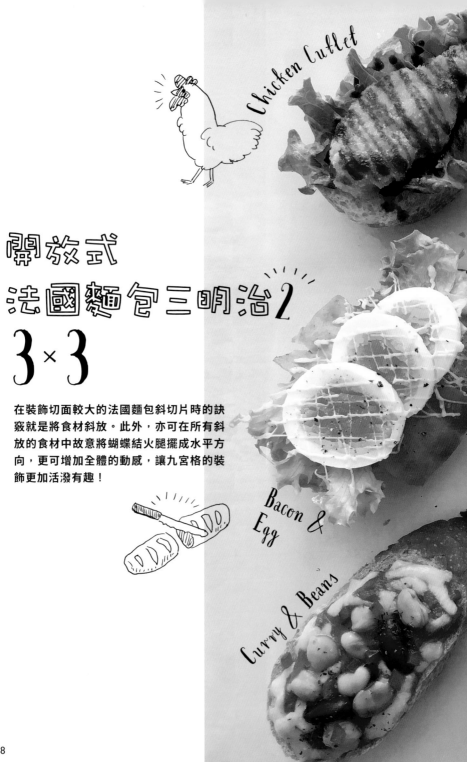

Chicken Cutlet

開放式
法國麵包三明治2
3×3

在裝飾切面較大的法國麵包斜切片時的訣竅就是將食材斜放。此外，亦可在所有斜放的食材中故意將蝴蝶結火腿擺成水平方向，更可增加全體的動感，讓九宮格的裝飾更加活潑有趣！

Bacon & Egg

Curry & Beans

Ham & Cheese

Strawberry
French toast

Egg & Vegetables

Honey &
Nuts

Mentaiko

Pastrami Beef

29

炸雞排

材料
炸雞排（亦可使用現成市售品）… 1 片
綠葉萵苣… 1 ／ 3 片
奶油… 適量
豚骨醬… 適量
製作
❶ 法國吐司塗上奶油後稍微烤一下。炸雞排
　也用小烤箱烤至酥脆備用。
❷ 綠葉萵苣洗淨瀝乾水分。豚骨醬放入食品
　用小夾鍊袋中。
裝飾
❶ 於麵包上放上綠葉萵苣，再放上炸雞排。
❷ 將裝有豚骨醬的小夾鏈袋剪去一丁點，迅
　速擠上醬汁。

 火腿起司

材料
切片火腿… 1 片多一點
起司片… 1 片
美乃滋… 適量
製作
❶ 將起司切成麵包的形狀。法國麵包塗上美
　乃滋，放上切好的起司後稍微烤一下。
裝飾
❶ 將火腿做成蝴蝶結（見 P111），置於麵包
　中央。

 草莓法式吐司

材料
A｜蛋… 1 ／ 2 個
　｜牛奶… 50 ㎖
　｜砂糖… 1 ／ 2 大匙
奶油… 適量　　　　　草莓… 4 個
薄荷… 適量　　　　　糖粉… 適量
製作
❶ 混合 A 後泡入法國麵包，平底鍋加點奶
　油，將法國麵包用中火煎至帶有焦色做成
　法式吐司。
❶ 草莓切半，薄荷洗好備用。
裝飾
❶ 放上草莓，讓草莓的內外兩側都看得見，
　將薄荷葉裝飾在全體的中心。
❷ 自上方灑上糖粉。

 培根蛋

材料
蛋… 1 個
半片培根… 2 片
綠葉萵苣… 1 ／ 3 片
美乃滋… 適量
奶油… 適量
粗粒黑胡椒… 少許
製作
❶ 製作水煮蛋，再用水煮蛋切片器切片。美
　乃滋放入食品用小夾鏈袋中。
❷ 培根用平底鍋煎到稍微帶有焦痕。法國麵
　包塗上奶油後烤至稍微呈金黃色。
裝飾
❶ 於麵包上放上綠葉萵苣，再放上培根和 3
　片水煮蛋的中間部分切片，排列時讓切片
　稍微重疊。
❷ 將裝有美乃滋的小夾鏈袋剪去一丁點，擠
　上網狀花紋的美乃滋。自上方灑上粗粒黑
　胡椒。

蔬菜蛋

材料
水煮蛋切片
　（「培根佐蛋」食譜所剩）… 1 片
荷蘭豆… 1 個
小番茄… 1 個
綜合生菜葉04… 適量
綜合起司… 適量
奶油，美乃滋… 各適量
綠葉萵苣… 1／3 片
製作
❶荷蘭豆去筋絲後放入沸騰的熱水快速燙過
　備用。小番茄切半。綜合生菜葉洗淨瀝乾
　水分。
❷法國麵包塗上奶油，放上綜合起司，烤至
　起司融化為止。
裝飾
❶於麵包上放上綠葉萵苣，擠上美乃滋，中
　央放上切片的水煮蛋，水煮蛋的上下方空
　間放上番茄，番茄切面朝上。空隙間放入
　綜合生菜葉。
❷荷蘭豆沿著筋將豆莢縱切成兩半，放在蛋
　上露出豆莢裡的豌豆仁。

 ## 蜂蜜堅果

材料
蜂蜜堅果（製作方法請參考 P19）… 適量
奶油起司… 適量
無花果乾… 1／2 個
製作
❶奶油起司放室溫軟化或者用微波爐加熱軟
　化。麵包塗上奶油起司後稍微烤一下。無
　花果乾切成適當大小。
裝飾
❶堅果排列時要盡量讓各個種類平均分布。
❷無花果乾擺放時要看得到橫切面。

 ## 什錦豆咖哩

材料
咖哩
　（前天的剩菜或者調理包皆可）… 2 大匙
綜合起司… 少許
什錦豆05… 1 大匙
巴西利… 適量
彩椒（紅）… 適量
製作
❶彩椒切成邊長 5 mm的正方形。
❷於法國麵包上放上咖哩、綜合起司、什錦
　豆，烤到起司融化為止。
裝飾
❶將彩椒均勻置於烤過的麵包上。自上方灑
　上巴西利。

 ## 明太子

材料
明太子… 1／2 大匙　　美乃滋… 1／2 大匙
奶油… 適量　　　　　　海苔絲… 適量
製作
❶將明太子和美乃滋攪拌混合。
❷法國麵包塗上奶油。
裝飾
❶法國麵包塗上明太子美乃滋後再稍微烤一
　下。（依個人喜好亦可放上起司〔未包含
　於食譜中，請自行酌量追加〕）。最後將
　海苔絲置於麵包中央即成。

 ## 燻牛肉

材料
燻牛肉… 2 片　　　　　綠葉萵苣… 1／3 片
美乃滋… 適量　　　　　奶油… 適量
製作
❶法國吐司塗上奶油後稍微烤一下。
裝飾
❶於烤過法國麵包上放上綠葉萵苣，其他 2
　／3 部分擠上美乃滋，再放上燻牛肉蓋過
　美乃滋。

04　日文原文為ベビーリーフ，Mesclun，由數種幼嫩的沙
　　拉葉菜組成。

05　已經煮熟，可用於沙拉或者熱食的什錦豆，有罐頭或
　　者袋裝，台灣較少見。

Potato Salad

Butter Corn

Tomato

Bacon & Eggs

Hamburger

Smoked Salmon

32

Fig &
Raw Ham

Ham & Mini Asparagus

Muscat

丹麥風麵包1
3 × 3

很像丹麥麵包但不甜的「丹麥風麵包」無論搭配何種配料都很合適。要吃之前稍微烤至酥脆，絕妙的口感十分美味，讓人欲罷不能♡

將5個丹麥風麵包橫切成上下兩片備用。

馬鈴薯沙拉

材料
馬鈴薯沙拉（亦可使用現成市售品）… 適量
綠葉萵苣… 1／2～1 片
水煮蛋蛋黃、奶油、巴西利… 適量
製作
❶丹麥風麵包塗上奶油後用小烤箱稍微烤一下。蛋黃用篩網磨細。
裝飾
❶於烤過的丹麥風麵包上依序放上綠葉萵苣、馬鈴薯沙拉、用篩網磨細的蛋黃，最後灑上巴西利即成。

奶油玉米

材料
玉米… 1／3～1／2 根
奶油（裝飾用）… 5g
羅勒，巴西利，奶油（吐司用）… 各適量
製作
❶玉米可水煮或用保鮮膜包起放入微波爐加熱（參考時間800W 為 2 分，600W 為 2 分 40 秒）。將玉米縱切，盡量讓玉米粒連在一起不要散開。
裝飾
❶將切好的玉米放在塗了奶油的丹麥風麵包上，用小烤箱烤到丹麥風麵包稍微變色。最後放上奶油，用羅勒裝飾一下，再依個人喜好灑上巴西利。

※若手邊有噴槍，先將塗好奶油的丹麥風麵包用小烤箱烤過，放上玉米後，用噴槍烤出一點焦色，亦可放上奶油和羅勒。

無花果生火腿

材料
無花果… 1／2 個（縱切成一半）
生火腿… 2 片　新鮮起司… 適量
羅勒… 3 片　粗粒黑胡椒、奶油… 各適量
製作
❶丹麥風麵包塗上奶油後，用小烤箱稍微烤一下。無花果縱切成 4 等份。生火腿分別撕成兩半備用。

裝飾
❶將無花果分散放在烤過的丹麥風麵包的對角線上，空的地方放上撕好的生火腿。
❷在上方平均放上新鮮起司，再裝飾上羅勒。最後灑上粗粒黑胡椒即成。

番茄

材料
小番茄（紅）… 1～2 個
小番茄（橘）… 2～3 個
奶油起司… 1 大匙
羅勒… 適量
製作
❶奶油起司置於室溫軟化或者用微波爐加熱軟化後，塗上丹麥風麵包再稍微烤一下。番茄切成 2～3 ㎜厚的切片。
裝飾
❶於烤過的丹麥風麵包的兩側放上橘色小番茄切片，排列時讓切片稍微重疊，正中央放上紅色小番茄切片，排列時讓切片稍微重疊。最後斜斜裝飾上羅勒即成。

培根蛋

材料
半片培根… 2 片
青花椰菜… 2 朵
炒蛋… 蛋 1 個的量
（製作方法請參考右方＊）
水煮蛋切片… 1 片
番茄醬、美乃滋、奶油… 各適量
製作
❶丹麥風麵包塗上奶油後用小烤箱稍微烤一下。培根用平底鍋稍微煎過。青花椰菜用水煮過或微波爐加熱，再分切成更小朵。
裝飾
❶於水煮蛋上放上心型壓模，擠入番茄醬，將番茄醬做成心型的形狀。
❷於丹麥風麵包上放上 2 片培根，讓培根稍微重疊，塗上美乃滋，放上炒蛋，將①置於正中央。最上方放上一圈青花椰菜圍繞炒蛋。

＊炒蛋的製作方法

材料
蛋… 1 個　　　　　牛奶… 1 大匙
美乃滋… 1 大匙
綜合起司… 依個人喜好
鹽、胡椒、沙拉油… 各適量
製作
❶蛋打散加入油以外所有的材料拌勻。
❷沙拉油倒入平底鍋中加熱，倒入蛋液，待周圍開始沸騰就用筷子去拌一下。待蛋液凝固成恰好的硬度時就離火。

火腿佐迷你蘆筍

材料
厚切火腿… 2 片　　　小番茄… 1 個
迷你蘆筍… 2 支　　　水煮鵪鶉蛋… 1 個
切達起司… 1 片
綠葉萵苣… 1／2 ～ 1 片
美乃滋、奶油，鹽、胡椒… 各少許
製作
❶丹麥風麵包塗上奶油後用小烤箱稍微烤一下。厚切火腿和迷你蘆筍同時放入平底鍋去煎一下，將迷你蘆筍灑上鹽和胡椒。
❷水煮蛋縱切成一半，切達起司切成和丹麥風麵包一樣大小。美乃滋裝入食品用小夾鏈袋中。
裝飾
❶於烤過的丹麥風麵包上放上綠葉萵苣，再放上切達起司，讓起司的角突出丹麥風麵包的邊邊。
❷厚切火腿稍微重疊斜放，在火腿上交叉擺放迷你蘆筍，左上角放上水煮蛋使其稍微重疊，右下放上小番茄。將裝有美乃滋的小夾鏈袋剪去一丁點，斜擠上 Z 字型美乃滋。

漢堡排

材料
迷你漢堡排（亦可使用現成市售品）… 1 個
迷你蘆筍… 2 支　　　起司片… 1 片
火腿… 1 片

綠葉萵苣… 1／2 ～ 1 片
水煮蛋切片… 1 片
美乃滋、粗粒黑胡椒… 各適量
製作
❶丹麥風麵包塗上美乃滋用小烤箱稍微烤一下。蘆筍用平底鍋煎一下，再灑上鹽和胡椒。起司片切成和丹麥風麵包一樣大小，火腿配合丹麥風麵包的大小用杯子或其他壓模壓好備用。
裝飾
❶於丹麥風麵包上放上綠葉萵苣、起司片，讓起司片的角突出丹麥風麵包的邊邊。依序放上起司、火腿、漢堡排、切片水煮蛋、迷你蘆筍，最後灑上粗粒黑胡椒即成。

煙燻鮭魚

材料
煙燻鮭魚… 1 片　　　粗粒黑胡椒… 少許
新鮮迷迭香… 1 支　　檸檬片… 1 片
奶油起司… 1 大匙
製作
❶奶油起司置於室溫軟化或者用微波爐加熱軟化後，塗上丹麥風麵包稍微烤一下。
裝飾
❶於烤過的丹麥風麵包上放上鮭魚和檸檬片，斜擺上迷迭香做為裝飾。再依個人喜好灑上粗粒黑胡椒。

麝香葡萄

材料
麝香葡萄（可帶皮食用的品種）… 約 5 顆
奶油起司… 1 大匙
蜂蜜檸檬（製作方法請參考 P97）… 1 片
百里香… 1 根
製作
❶奶油起司置於室溫軟化或者用微波爐加熱軟化後，塗上丹麥風麵包再稍微烤一下。麝香葡萄縱切成一半。
裝飾
❶將烤過的丹麥風麵包排滿切半的麝香葡萄。中央放上蜂蜜檸檬，再放上百里香裝飾。

用色彩繽紛的
九宮格早餐麵包
開啟快樂的一天♪

早餐為一日之始。因此色彩繽紛的早餐麵包能讓心情也開朗起來，成為一日快樂的泉源。將切成上下兩半的丹麥風麵包的上半片斜靠放上可讓份量看起來更澎湃！

Vegetables & Sausage

Tomato

丹麥風麵包2
3×3

正方形的丹麥風麵包要放上食材十分容易，因此非常適合用來製作種類繁多的九宮格。排列時可以故意斜放也可排成井然有序的樣子，快來找尋自己的裝飾風格吧！

Bacon & Egg

Beans Salad

Bacon & Egg

Hamburger

Honey Lemon

Banana & Chocolate

Smoked Salmon

39

什錦豆沙拉

材料
小番茄… 1 個
水煮蛋蛋黃… 1 ／ 2 個
綠葉萵苣… 1 ／ 2 ～ 1 片
奶油… 適量　　　　　紅椒粉… 適量
什錦豆沙拉… 3 大匙
（製作方法參考下方＊的說明）
製作
❶蛋黃用篩網磨細備用。丹麥風麵包塗上奶油後稍微烤一下。
裝飾
❶於丹麥風麵包上放綠葉萵苣和什錦豆沙拉。
❷沙拉上灑上用篩網磨細的蛋黃，再放上小番茄。依個人喜好於全體灑上紅椒粉。

彩蔬佐香腸

材料
馬鈴薯（小）… 1 ／ 3 個
洋蔥（紅洋蔥亦可）… 1 ／ 8 個
迷你蘆筍… 2 支
香腸… 1 根
綠葉萵苣… 1 ／ 2 ～ 1 片
彩椒（紅）… 適量
美乃滋… 適量
鹽、胡椒… 各少許
製作
❶丹麥風麵包塗上美乃滋後再稍微烤一下。馬鈴薯去皮用保鮮膜包起放入微波爐加熱 2 分鐘（500W），若中心還是硬的，可以視情況再次加熱，加熱完成再切成滾刀塊。洋蔥切成較窄的瓣狀，香腸斜切成一半。彩椒切成邊長 5 mm 的正方形。
❷洋蔥、蘆筍、香腸、馬鈴薯放入平底鍋炒一下，再灑上鹽和胡椒。
裝飾
❶於烤過的丹麥風麵包上依序疊放上綠葉萵苣、馬鈴薯、洋蔥、香腸。蘆筍交叉擺上，最後於頂端放上彩椒，再灑上鹽和胡椒。

＊什錦豆沙拉的製作方法

材料
什錦豆… 50g
酪梨… 1 ／ 4 個
迷你包裝起司（4 個裝）… 2 個
美乃滋… 2 大匙　　　檸檬汁… 少許
鹽、胡椒… 各少許
巴西利……適量
製作
❶起司自鋁箔紙中取出，橫切成一半，再縱切成 5 等份。
❷酪梨也切成和加工起司一樣大小。
❸將巴西利以外的材料和調味料加入碗中攪拌。最後灑上巴西利即成。

※若不喜歡酪梨的味道亦可用毛豆代替。

不甜的丹麥風麵包　丹麥風麵包（Del Sole）
￥198（未稅）／042-378-2475
（JC Comsa股份有限公司 客服專線）

切半後使用

培根佐蛋

材料
半片培根… 1 片
迷你蘆筍… 2 支
奶油起司… 1 大匙
綠葉萵苣… 1／2 ～1 片
蛋… 1 個
小番茄… 1 個
美乃滋… 適量
粗粒黑胡椒… 少許

製作
❶奶油起司置於室溫軟化或者用微波爐加熱軟化後，塗上丹麥風麵包再稍微烤一下。
❷蘆筍和培根用平底鍋煎一下。製作水煮蛋，水煮蛋用切片器切片，小番茄去蒂切半。美乃滋放入食品用小夾鍊袋中。

裝飾
❶丹麥風麵包塗上奶油起司，放上綠葉萵苣，於丹麥風麵包的下半部斜放上培根。讓上半部的綠葉萵苣斜斜露出。
❷於培根之上疊上蛋，於綠葉萵苣上放上小番茄，將蘆筍交叉擺在蛋上。
❸將裝有美乃滋的小夾鏈袋剪去一丁點，迅速擠上美乃滋，再依個人喜好灑上粗粒黑胡椒。

漢堡排

材料
迷你漢堡排（亦可使用現成市售品）… 1 個
起司片… 1 片
火腿… 1 片
水煮蛋切片… 1片（「培根佐蛋」食譜所剩）
荷蘭豆… 1 個
奶油起司… 1 大匙
綠葉萵苣… 1／2 ～1 片
美乃滋… 適量
粗粒黑胡椒… 少許

製作
❶奶油起司置於室溫軟化或者用微波爐加熱軟化後，塗上丹麥風麵包再稍微烤一下。
❷荷蘭豆稍微煮一下後去除筋絲後剖開像 P39 的照片一樣備用。

裝飾
❶於丹麥風麵包上放火腿，再放起司片，讓起司片的角露出丹麥風麵包的邊邊。
❷上面再放上綠葉萵苣和漢堡排（若是沒加醬的漢堡排，可在起司片和漢堡排中間塗上番茄醬），擠上美乃滋，放上水煮蛋，再斜放上剖開的荷蘭豆像新月一樣。最後灑上粗粒黑胡椒即成。

番茄

材料
小番茄… 5 個
青花椰菜… 1 朵
奶油起司… 2 大匙

製作
❶奶油起司置於室溫軟化或者用微波爐加熱軟化後，塗上丹麥風麵包再稍微烤一下。
❷番茄去蒂切半。青花椰菜先水煮過或者用微波爐加熱，再分切成 8 朵。

裝飾
❶排上番茄並讓圓形部分朝上。將青花椰菜擺在番茄之間。

蜂蜜檸檬

材料
蜂蜜檸檬（製作方法請參考 P97）… 2 片
奶油起司… 2 大匙
薄荷… 2 片

製作
❶奶油起司放室溫軟化或者用微波爐加熱軟化。將丹麥風麵包稍微烤一下。

裝飾
❶丹麥風麵包塗上奶油起司，斜放上蜂蜜檸檬並稍微重疊。於剩下的空間裝飾上薄荷。

培根蛋

材料
半片培根… 2 片
迷你蘆筍… 2 支
蛋… 1 個
奶油… 適量
美乃滋… 適量
鹽、胡椒、粗粒黑胡椒… 各少許

製作
❶培根和蘆筍放入平底鍋用中火稍微炒一下，加入鹽和胡椒，荷包蛋也先一起煎好。丹麥風麵包塗上奶油後稍微烤一下。美乃滋放入食品用小夾鍊袋中。

裝飾
❶鋪上培根，使培根稍微重疊蓋滿烤過的丹麥風麵包切面。
❷再放上荷包蛋，交叉擺上蘆筍，蘆筍不要碰到荷包蛋的蛋黃部分。將裝有美乃滋的小夾鍊袋剪去一丁點，迅速擠出網狀花紋。最後灑上粗粒黑胡椒即成。

煙燻鮭魚

材料
煙燻鮭魚… 1 片
奶油起司… 2 大匙
蜂蜜檸檬（製作方法請參考 P97）… 1 片
新鮮迷迭香… 1 支
粗粒黑胡椒… 少許

製作
❶奶油起司放室溫軟化或者用微波爐加熱軟化。將丹麥風麵包稍微烤一下。

裝飾
❶烤過的丹麥風麵包塗上奶油起司，放上鮭魚和蜂蜜檸檬，斜擺上迷迭香裝飾。再依個人喜好灑上粗粒黑胡椒。

巧克力香蕉

材料
香蕉… 1 根
巧克力醬（市售品）… 適量
巧克力… 2 小塊
核桃… 1 個

製作
❶香蕉切成厚 3 ㎜的切片備用。巧克力裝入食品用小夾鍊袋中隔水加熱使其融化（見 P114）。核桃放入塑膠袋中，用擀麵棒之類的器具敲碎。
❷將丹麥風麵包稍微烤一下。

裝飾
❶將市售的巧克力醬塗滿丹麥風麵包。縱向排上香蕉片並稍微重疊（見 P114），於全體均勻灑上核桃碎。
❷將裝了融化巧克力的小夾鍊袋剪去一丁點，於香蕉上方迅速擠上 Z 字型的巧克力。

捲餅三明治
3×3

Cod Roe Pasta
Macaroni Salad
Fried Chicken
Sausage
Kinpira
Chicken Cutlet
Mix Vegetables
Ham & Egg
Avocado

如果使用一整片墨西哥玉米餅的餅皮，則吃一個就
飽了。但若將餅皮切半後包成像捲餅三明治一樣，
量會剛剛好，可吃得下兩種口味。妥善利用現成的
小菜或冷凍食品，可讓製作過程簡單輕鬆又愉快！

香腸

材料

香腸… 1 根	紫高麗菜… 適量
綠葉萵苣… 1 片	起司片… 1／2 片
肉醬… 適量	番茄醬… 適量

製作

1. 不加油直接加熱平底鍋，稍微煎一下墨西哥玉米餅，雙面都要煎。香腸斜切出刀痕再稍微煎過。紫高麗菜切細絲。

裝飾

1. 將綠葉萵苣、肉醬、起司片、紫高麗菜、香腸置於墨西哥玉米餅上，擠上番茄醬再捲起墨西哥玉米餅。若手邊有莎莎醬亦可用莎莎醬代替肉醬。

鱈魚子義大利麵

材料

鱈魚子義大利麵（冷凍食品亦可）… 適量	
綠葉萵苣… 1 片	起司片… 1／2 片

製作

1. 不加油直接加熱平底鍋，稍微煎一下墨西哥玉米餅，雙面都要煎。鱈魚子義大利麵用微波爐加熱。

裝飾

1. 趁熱於墨西哥玉米餅上放上起司、綠葉萵苣、鱈魚子義大利麵，再捲起墨西哥玉米餅。

通心粉沙拉

材料

通心粉沙拉… 適量	里肌火腿… 1 片
起司片… 1／2 片	綠葉萵苣… 1 片
切片小番茄… 1 片	

製作

1. 不加油直接加熱平底鍋，稍微煎一下墨西哥玉米餅，雙面都要煎。

裝飾

1. 趁熱於墨西哥玉米餅上依序鋪放起司、綠葉萵苣、里肌火腿、通心粉沙拉再捲起墨西哥玉米餅。最後再於開口處放上切片小番茄。

炸雞

材料

炸雞塊（亦可使用現成市售品）… 2 ～ 3 塊
綠葉萵苣… 1 片
起司片… 1／2 片
燒肉醬汁… 少許
美乃滋… 適量

製作

1. 不加油直接加熱平底鍋，稍微煎一下墨西哥玉米餅，雙面都要煎。炸雞塊加熱後立刻裹上燒肉醬汁。

裝飾

1. 趁熱於墨西哥玉米餅上放起司、綠葉萵苣、炸雞塊，最後擠上美乃滋，再捲起墨西哥玉米餅。

金平蓮藕及牛蒡

材料

金平蓮藕及牛蒡（擇一亦可）… 適量
綠葉萵苣… 1 片
起司片… 1／2 片
美乃滋… 適量

製作

1. 不加油直接加熱平底鍋，稍微煎一下墨西哥玉米餅，雙面都要煎。

裝飾

1. 於煎過的墨西哥玉米餅上塗一層薄薄的美乃滋，放上綠葉萵苣、起司片、金平（蓮藕和牛蒡）再捲起墨西哥玉米餅。

酪梨

材料
酪梨… 1／4 個
綠葉萵苣… 1 片
切片小番茄… 2 片
奶油起司… 適量
鹽、胡椒… 各少許
美乃滋… 適量
製作
❶不加油直接加熱平底鍋，稍微煎一下墨西哥玉米餅，雙面都要煎。酪梨切成方便食用的切片大小。
❷奶油起司放室溫軟化或者用微波爐加熱軟化。
裝飾
❶於煎好的墨西哥玉米餅上塗奶油起司，放上綠葉萵苣和酪梨，再擠美乃滋。最後灑上鹽和胡椒，放上切片小番茄再捲起墨西哥玉米餅。

火腿佐蛋

材料
水煮蛋切片… 3 片
火腿… 1 片
切達起司… 1 片
綠葉萵苣… 1 片
切片小番茄… 2 片
美乃滋… 適量
粗粒黑胡椒… 少許
製作
❶不加油直接加熱平底鍋，稍微煎一下墨西哥玉米餅，雙面都要煎。
裝飾
❶於煎過的墨西哥玉米餅上塗上一層薄薄的美乃滋，放上綠葉萵苣，再放上切達起司，起司的角朝上。
❷放上火腿，再排上水煮蛋切片，讓切片稍微重疊。蛋上面擠上一點美乃滋，再放上小番茄切片，讓切片稍微重疊，最後灑粗粒黑胡椒，再捲起墨西哥玉米餅。

綜合彩蔬

材料
剩下的蔬菜（種類皆可）… 適量
奶油… 適量
鹽、胡椒… 各少許
燒肉醬汁… 適量
起司片… 1／2 片
綠葉萵苣… 1 片
製作
❶不加油直接加熱平底鍋，稍微煎一下墨西哥玉米餅，雙面都要煎。剩下的蔬菜切細，用加了奶油熱好的平底鍋炒過，再灑上鹽和胡椒。
裝飾
❶於煎好的墨西哥玉米餅上塗一層薄薄的燒肉醬汁（小心若塗太多味道會太重），放上起司片、綠葉萵苣、炒蔬菜，再將墨西哥玉米餅捲起。

炸雞排

材料
炸雞排（冷凍食品亦可）… 1 片
綠葉萵苣… 1 片
水煮蛋切片… 1～2 片
切片小番茄… 1 片
美乃滋… 適量
製作
❶不加油直接加熱平底鍋，稍微煎一下墨西哥玉米餅，雙面都要煎。用小烤箱加熱炸雞排，烤至酥脆，若炸雞排本身沒有淋醬則要淋上醬汁。
裝飾
❶於煎過的墨西哥玉米餅上塗抹一層薄薄的美乃滋，放上綠葉萵苣和炸雞排，上面擠一點美乃滋，放上水煮蛋切片和切片小番茄，再捲起墨西哥玉米餅。

Potato Salad

Fruit Yogurt

Ham & Egg

Hamburger

Banana & Chocolate

Fried Chicken

46

Potato Croquette

Fried Noodles

Egg Salad

麵包捲三明治 3×3

小孩的運動會就在眼前，為了增加氣氛，插上萬國旗來幫他們加油！改變眼珠的方向可做出各式各樣不同的表情。
看起有點呆呆的臉最可愛♡

準備9個麵包捲。

馬鈴薯沙拉

材料
馬鈴薯沙拉（亦可使用現成市售品）… 適量
火腿… 1 片　　　　奶油… 適量
製作
① 麵包捲切出切口，薄薄塗上一層奶油備用。火腿 1 片切半。
裝飾
① 將切成半月型火腿的圓弧側置於靠自己手邊處，從較方便摺的地方開始反覆摺出山線和谷線，但不要摺出摺痕。
② 另一半也一樣，摺好後夾入麵包捲中。因為沒有摺出摺痕，形狀會很容易散開，於麵包和火腿之間夾入馬鈴薯沙拉來固定火腿。

水果優格

材料
水果優格（將喜歡的水果或者水果罐頭的果汁瀝乾再和優格〔80g〕混合）… 適量
細葉香芹（薄荷等香草亦可）… 1 片
製作
① 麵包捲切出切口。
裝飾
① 麵包捲夾入水果優格，最後在開口處放上細葉香芹。

馬鈴薯可樂餅

材料
馬鈴薯可樂餅（前一天的剩菜或現成市售品皆可）… 1／2～1 個
切達起司（起司片亦可）… 1／2 片
綠葉萵苣… 1／2 片
青花椰菜… 2 朵
奶油… 適量
美乃滋… 適量
製作
① 麵包捲切出切口，薄薄塗上一層奶油備用。起司縱切成一半。青花椰菜先水煮過或者用微波爐加熱。
裝飾
① 於切好的麵包捲上依序放上起司、可樂餅（若 1 個太大則切成 1／2）、綠葉萵苣。
② 於可樂餅兩側擠美乃滋，再放上青花椰菜。

漢堡排

材料
迷你漢堡排（前一天的剩菜或現成市售品皆可）… 1 個
切達起司… 1／2 片
　（「馬鈴薯可樂餅」食譜所剩下的一半）
水煮蛋切片… 2 片
小番茄… 2 個
荷蘭豆… 1 個
綠葉萵苣… 1／2 片
番茄醬、美乃滋… 各適量
奶油… 適量
製作
① 麵包捲切出切口，薄薄塗上一層奶油備用。
② 荷蘭豆事先水煮過或用微波爐加熱。
裝飾
① 於切好的麵包捲上放起司、漢堡排、水煮蛋切片後擠一點美乃滋，再放上綠葉萵苣。將番茄置於漢堡排兩側。起司和漢堡排之間擠上番茄醬。最後剖開荷蘭豆，交叉擺放於中央。

 ## 火腿蛋

材料
切片火腿… 2 片
水煮蛋切片… 3 片
美乃滋、奶油… 各適量
製作
① 麵包捲切出切口，薄薄塗上一層奶油備用。將火腿做成火腿皺摺花備用（見P111）。
裝飾
① 將麵包捲切面仔細塗滿美乃滋。
② 在中央處斜斜放上 3 片水煮蛋切片，兩側再放上火腿做成的火腿皺摺花。

 ## 日式炒麵

材料
日式炒麵（前一天的剩菜或者冷凍食品皆可）… 適量
奶油… 適量
製作
① 麵包捲切出切口，薄薄塗上一層奶油備用。
裝飾
① 在麵包捲間夾入大量日式炒麵。

 ## 巧克力香蕉

材料
香蕉… 1 / 2 根
巧克力（巧克力筆亦可）… 2 小塊
製作
① 香蕉切成厚 5 mm 的切片。麵包捲切出切口備用。
② 巧克力裝入食品用小夾鏈袋中隔水加熱使其融化（見 P114）。
裝飾
① 於麵包捲間排入香蕉片，讓切片稍微重疊。
② 將裝了融化巧克力的小夾鏈袋剪去一丁點，在香蕉上擠出網狀花紋的巧克力。

 ## 炸雞塊

材料
炸雞塊（亦可使用現成市售品）… 3 塊
綠葉萵苣… 1 片
美乃滋、奶油… 各適量
製作
① 麵包捲切出切口，薄薄塗上一層奶油備用。美乃滋放入食品用小夾鏈袋中。
裝飾
① 用綠葉萵苣包住炸雞塊，再夾入麵包捲。
② 將裝有美乃滋的小夾鏈袋剪去一丁點，斜擠出 Z 字型的美乃滋。

 ## 蛋沙拉

材料
蛋沙拉（水煮蛋 1 個搗碎混合洋蔥末 1 大匙和適量美乃滋即成）… 適量
綠葉萵苣… 1 / 2 片
巴西利… 少許
奶油… 適量
製作
① 麵包捲切出切口，薄薄塗上一層奶油備用。
裝飾
① 將綠葉萵苣黏在麵包捲上面的切口，再夾入蛋沙拉。
② 中央放上巴西利。

> 將所有的麵包捲加上眼珠（見P50）和國旗就完成啦！

麵包捲三明治
的製作方法

1 麵包捲切出切口

於麵包捲中央處橫切出切口,注意不要切斷。

2 壓出18個圓形起司片

製作麵包捲的眼珠用,將圓形壓模放在起司片上,壓出18個圓形起司片。

3 用巧克力筆做出眼珠

用市售的巧克力筆在起司片上稍微滴上1滴巧克力做出眼珠。

4 製作各種表情的眼睛

變更巧克力滴下的位置做出9組表情各異的眼睛。

5 夾入切達起司

於麵包捲的切口塗上一層薄薄的奶油，夾入切半的切達起司。

6 夾入切成一半的可樂餅

可樂餅（亦可使用現成市售品）縱切成一半，切面朝下夾入麵包中。

7 夾入綠葉萵苣

調整讓綠葉萵苣的皺摺朝前，夾在可樂餅之上。

將眼珠放上麵包就大功告成

Sausage

Raw Ham

Smoked Salmon

可頌

3×3

可頌的外型美極了！非常適合做3×3各式種類的九宮格麵包。利用可頌本身形狀的特色，讓材料稍微露出可頌外，增加視覺上的效果。

Banana & Chocolate

Pastrami Beef

Avocado & Egg

Tomato

Strawberry

Bacon & Egg

53

將可頌橫切成上下兩半！

香腸

材料

香腸… 1 根　　　　起司片… 1 片
綠葉萵苣… 1 片　　紫高麗菜… 適量
番茄醬… 適量　　　美乃滋… 適量

製作

❶ 紫高麗菜切細絲，可頌橫切成一半再稍微烤一下。

❷ 香腸稍微煎過（也可和可頌一起烤，不要烤出焦痕）。
番茄醬放入食品用小夾鍊袋中。

裝飾

❶ 下半片的可頌塗上美乃滋，依序放上綠葉萵苣、起司片，紫高麗菜，香腸。

❷ 將裝有番茄醬的小夾鏈袋剪去一丁點，在香腸上擠出細細的波浪狀花紋（見P112）。將上半片的可頌蓋上做成三明治。

巧克力香蕉

材料

香蕉… 1 根
鮮奶油（市售植物性鮮奶油亦可）… 適量
巧克力（市售巧克力醬亦可）… 3 塊

製作

❶ 可頌橫切成一半再稍微烤一下後放涼備用。

❷ 香蕉切成 5 mm厚的切片。巧克力裝入食品用小夾鏈袋中隔水加熱使其融化（見P114）。

裝飾

❶ 將鮮奶油擠花袋上下來回移動，像畫波浪狀一樣擠出鮮奶油於下半片的可頌麵包上，再放上香蕉片，讓切片稍微重疊。

❷ 將裝了融化巧克力的小夾鏈袋剪去一丁點，迅速地上下來回移動，細細擠出巧克力於香蕉上（見P115）。將上半片的可頌蓋上做成三明治。

燻牛肉

材料

燻牛肉… 2 片　　　綠葉萵苣… 1 片
美乃滋… 適量　　　奶油… 適量

製作

❶ 可頌橫切成一半，薄薄塗上一層奶油，再稍微烤一下。

裝飾

❶ 於下半片的可頌上放綠葉萵苣，擠上美乃滋，再放上稍微摺出山線和谷線呈波浪狀的燻牛肉，將上半片的可頌蓋上做成三明治。

※ 想讓份量看起來更大，燻牛肉可採用半月折摺法（見P117）。

生火腿

材料

生火腿… 4 片
小番茄… 2 個
綠葉萵苣… 1 片
美乃滋… 適量

製作

❶ 可頌橫切成一半，再稍微烤一下。

❷ 小番茄去蒂切片備用。將每片生火腿都摺成Z字型備用（見P116）。

裝飾

❶ 於烤過的下半片可頌上放綠葉萵苣再擠美乃滋。排上番茄切片，再放上 4 片摺成「Z」字型的生火腿，將上半片的可頌蓋上做成三明治（見P116）。

酪梨佐炒蛋

材料
酪梨…1／2 個　　　　的量
綠葉萵苣… 1 片　　美乃滋… 適量
炒 蛋… 蛋 1／2 個
粗粒黑胡椒… 少許

製作
① 酪梨去籽縱切成 5 mm 厚的切片。製作炒蛋。（見 P35）。
② 可頌橫切成一半再稍微烤一下。美乃滋放入食品用小夾鍊袋中。

裝飾
① 於下半片的可頌上放綠葉萵苣、炒蛋，再鋪排酪梨片，排列時讓切片稍微重疊（見 P113）。
② 將裝有美乃滋的小夾鏈袋剪去一丁點，擠出網狀花紋的美乃滋，灑上粗粒黑胡椒。將上半片的可頌蓋上做成三明治。

番茄

材料
奶油起司… 1 大匙
小番茄… 3 個
綠葉萵苣… 1 片

製作
① 奶油起司置於室溫軟化或者用微波爐稍微加熱軟化備用。番茄切去蒂頭和相對的底部（去除弧度較方便排列），再切半備用。
② 可頌橫切成一半，稍微烤一下。

裝飾
① 可頌塗抹變軟的奶油起司，放上綠葉萵苣和番茄切片，排列時讓切片稍微重疊。將上半片的可頌蓋上做成三明治。

煙燻鮭魚

材料
煙燻鮭魚… 1 片
奶油起司… 1 大匙　檸檬片… 2 片
新鮮迷迭香… 1 支

製作
① 奶油起司置於室溫軟化或者用微波爐稍微加熱軟化備用。
② 可頌橫切成一半，下半片塗上變軟的奶油起司，再稍微烤一下。

裝飾
① 可頌塗上奶油起司再放上鮭魚，鮭魚上鋪排檸檬片，使切片稍微重疊，再放上迷迭香。將上半片的可頌蓋上做成三明治。

草莓

材料
草莓… 5 個 鮮奶油… 適量

製作
① 草莓去蒂，將 1 個草莓縱切成 4 片（只用中間 2 片）。鮮奶油加入砂糖（未包含於食譜中，請自行酌量追加）打發放入附星型花嘴的擠花器中。亦可用市售植物性鮮奶油代替鮮奶油。可頌稍微烤過。

裝飾
① 在完全放涼的下半片的可頌上方迅速上來回移動擠花器擠上鮮奶油。放置草莓切片，排列時讓切片稍微重疊，再重複上述步驟，將上半片的可頌蓋上做成三明治。

培根佐炒蛋

材料
炒蛋… 蛋 1／2 個的量
（「酪梨佐炒蛋」食譜所剩）
半片培根… 1 片　　　綠葉萵苣… 1 片
美乃滋… 適量　　　粗粒黑胡椒… 少許

製作
① 可頌稍微烤過。培根用平底鍋煎過，並製作炒蛋。（見 P35）。

裝飾
① 於烤過的下半片可頌上依序放置綠葉萵苣、培根、炒蛋，擠上美乃滋。最後灑上粗粒黑胡椒即成。將上半片的可頌蓋上做成三明治。

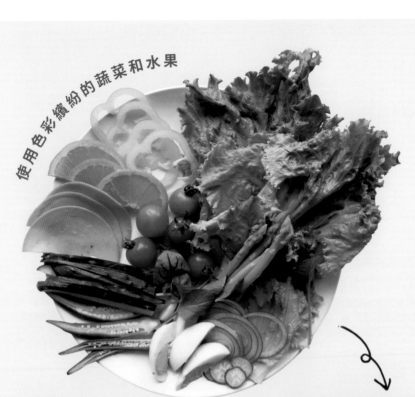

使用色彩繽紛的蔬菜和水果

沙拉食材的色彩非常重要。萵苣
等蔬菜的綠色系搭上橘色、黃色、
紅色等維他命色系能互相映襯，
是很好的色彩搭配。可以將食材
依照色彩分類，裝飾時可更容易
抓到平衡。

一般來說沙拉應該長這樣

顏色不要重覆，同一種顏色的食
材要分散擺放。將火腿捲起來、
番茄切半後裝飾上去。蛋可以將
雞蛋換成鵪鶉蛋，就完成了一道
時尚的沙拉！

沙拉

裝飾
大變身！

花束沙拉大功告成！

Bouquet Salad

將沙拉包成像花束一樣，就可讓同樣的食材搖身一變顯得加可愛♡可加上火腿做的蝴蝶結或是捲起來的小黃瓜，再用真花點綴畫龍點睛！是很適合當作派對料理的沙拉。

Avocado

Bacon & Egg

Sausage

Meatball & Egg

Smoked Salmon

Pastrami Beef

Strawberry

Avocado & Beans

Tomato

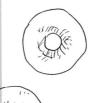

迷你貝果 三明治 3×3

在家裡請客時便是一口大小的貝果粉墨登場的時刻了。派對就是要營造出讓人「這個那個都想吃！」的歡樂氣氛。也可用蘇打餅乾代替貝果一樣好吃。

酪梨

材料
酪梨… 1／4 個　　　奶油… 適量
美乃滋… 適量
檸檬片… 1 片（依個人喜好）
粗粒黑胡椒… 少許
製作
❶迷你貝果稍微烤一下。酪梨縱切成片，美乃滋放入食品用小夾鍊袋中。
裝飾
❶下半片貝果塗上奶油，排上酪梨片，讓切片稍微重疊（見 P113）。
❷將裝有美乃滋的小夾鏈袋剪去一丁點，左右來回擠上美乃滋。
❸最上面依個人喜好放上檸檬片，最後灑上粗粒黑胡椒即成。

 **培根蛋**

材料
鵪鶉蛋… 1 個
培根… 1／4 片
綠葉萵苣… 1／3 片
會融化的起司（建議使用切達起司）… 1 片
粗粒黑胡椒… 少許
奶油… 適量
美乃滋… 適量
製作
❶迷你貝果稍微烤一下。培根用平底鍋煎過，再用鵪鶉蛋製作荷包蛋。起司切成和貝果一樣大的正方形。
裝飾
❶下半片貝果塗上奶油，放上綠葉萵苣、起司、培根，上面擠上一丁點美乃滋，再放上荷包蛋。排的時候要一邊調整各食材的方向讓所有食材都可以看得見。
❷最後灑上粗粒黑胡椒即成。

＊迷你貝果可在網路或者其他地方購得。

 草莓

材料
草莓… 2 個
薄荷葉… 適量
巧克力鮮奶油… 適量
糖粉… 少許
製作
❶迷你貝果稍微烤一下。草莓切成 2 mm厚的切片。
裝飾
❶下半片的貝果塗上巧克力鮮奶油。
❷排上一圈草莓切片，讓草莓切片稍微重疊。中心放上薄荷葉，最後灑上糖粉。

 香腸

材料
香腸… 1 根
青花椰菜… 1 朵
小番茄（黃色）… 1 個
番茄醬汁… 適量
美乃滋… 適量
粗粒黑胡椒… 少許
製作
❶迷你貝果稍微烤一下。香腸切成 5 mm厚的切片，用平底鍋煎過備用。青花椰菜用水煮過或者用微波爐加熱，再分切成 4 等份。小番茄橫切成一半。
裝飾
❶於下半片的貝果上塗抹番茄醬汁。以等間隔擺上 4 片香腸，中心放上番茄。香腸和香腸之間擠上美乃滋再放上青花椰菜。
❷最後灑上巴西利即成。

 **肉丸佐蛋**

材料
肉丸（亦可使用現成市售品）… 2 個
鵪鶉蛋… 1 個
綠葉萵苣… 1 ／ 3 片
美乃滋… 適量
番茄醬汁… 適量
製作
❶迷你貝果稍微烤一下。肉丸用微波爐加熱
　後橫切成一半，鵪鶉蛋水煮後縱切成一
　半。美乃滋放入食品用小夾鏈袋中。
裝飾
❶於下半片的貝果上塗上番茄醬汁。鋪上綠
　葉萵苣，肉丸的切面朝下斜斜擺放，讓肉
　丸稍微重疊。於靠近自己這側的空位疊上
　水煮蛋，切切面朝上。
❷最後將裝有美乃滋的小夾鏈袋剪去一丁
　點，快速擠出網狀花紋（見 P112 ～
　113）。

 酪梨什錦豆

材料
什錦豆… 1 大匙多
酪梨… 1 ／ 8 個
美乃滋… 1 ／ 2 大匙
檸檬汁… 少許
鹽、胡椒… 各少許
巴西利… 少許
製作
❶迷你貝果稍微烤一下。酪梨切成邊長 1cm
　的正方形。將什錦豆、酪梨、美乃滋、檸
　檬汁放入碗中攪拌。試一下味道再灑上鹽
　和胡椒。
裝飾
❶將製作①所拌好的酪梨什錦豆盛放於下半
　片的貝果上。最後灑些巴西利即成。

 煙燻鮭魚

材料
煙燻鮭魚… 1 ／ 2 片
檸檬片… 1 ／ 2 片
奶油起司… 適量
新鮮迷迭香… 1 支
粗粒黑胡椒… 少許
製作
❶迷你貝果稍微烤一下。奶油起司置於室溫
　中軟化或者用微波爐加熱軟化備用。檸檬
　片再縱切成一半。
裝飾
❶下半片的貝果塗上奶油起司。置放煙燻鮭
　魚，排上檸檬。
❷最後在檸檬之間放上迷迭香。再依個人喜
　好灑上粗粒黑胡椒。

 燻牛肉

材料
燻牛肉… 1 片
青花椰苗… 適量
綠葉萵苣… 1 ／ 3 片
美乃滋… 適量
製作
❶迷你貝果稍微烤一下
裝飾
❶下半片的貝果塗抹美乃滋。依序放上綠葉
　萵苣、燻牛肉、青花椰苗。

 番茄

材料
小番茄（紅）（黃色）… 各 1 ～ 2 個
奶油起司… 適量
製作
❶迷你貝果稍微烤一下。番茄 切成 3 ～ 4 等
　份的切片。奶油起司置於室溫軟化或者用
　微波爐加熱軟化備用。
裝飾
❶下半片的貝果塗上奶油起司。
❷讓紅色和黃色的番茄交互重疊置於迷你貝
　果上，順著貝果形狀排成一圈。

Kinpira

Ham & Egg & Cheese

Cream Cheese & Kiwi Fru

Banana & Chocolate

貝果
3×3

在我們家超受歡迎的貝果三明治。

雖然經典的火腿和培根蛋就很好吃，但搭配上烤雞肉、金平蓮藕等前一天晚餐剩下的和風小菜也很不錯。

Avocado & Raw Ham & Tomato

Bacon & Egg
& Cheese

Grilled Chicken
& Cheese

Orange & Cranberry

Pumpkin
Croquette

63

金平蓮藕

材料
金平蓮藕（金平牛蒡亦可。製作方法請參考
　P25）… 適量
綠葉萵苣… 1 片
奶油… 適量
美乃滋… 適量

製作
❶貝果塗上奶油再稍微烤一下。綠葉萵苣洗
　淨瀝乾水分。

裝飾
❶下半片的貝果放上綠葉萵苣，再擠上適量
　美乃滋。
❷放上金平蓮藕，蓋上切好的另一半貝果做
　成三明治。

奶油起司佐奇異果

材料
奇異果… 1 個
奶油起司… 適量
蜂蜜… 適量

製作
❶貝果稍微烤一下。奶油起司放室溫軟化或
　者用微波爐加熱軟化。奇異果切成 6 ～ 7
　等份，用花型壓模壓成花朵狀。

裝飾
❶下半片的貝果塗上奶油起司，將壓好的奇
　異果花排成一圈，排列時讓切片稍微重疊。
❷淋上蜂蜜，蓋上切好的另一半貝果做成三
　明治。

培根蛋起司

材料
蛋… 1 個
半片培根… 2 片
綠葉萵苣… 1 片
切達起司（其他起司亦可）… 1 片
奶油… 適量
美乃滋… 適量
粗粒黑胡椒… 少許

製作
❶貝果塗上奶油再稍微烤一下。綠葉萵苣洗
　淨瀝乾。培根煎過，再用雞蛋製作荷包
　蛋。美乃滋放入食品用小夾鍊袋中。

裝飾
❶於下半片的貝果上放起司，讓起司的角朝
　向正面露出，煎過的培根橫擺堆上。
❷接著放上荷包蛋和綠葉萵苣，將裝有美乃
　滋的小夾鏈袋剪去一丁點，擠出網狀花
　紋。最後灑上粗粒黑胡椒，蓋上切好的另
　一半貝果做成三明治。

火腿蛋起司

材料
綠葉萵苣… 1 片
切達起司（其他起司亦可）… 1 片
粗粒黑胡椒… 少許
火腿… 1 片　　　　　蛋… 1 個
奶油… 適量　　　　　美乃滋… 適量

製作
❶貝果塗上奶油再稍微烤一下。綠葉萵苣洗
　淨瀝乾。製作水煮蛋，用切片器切片。美
　乃滋放入食品用小夾鏈袋中。

裝飾
❶於下半片的貝果上放置綠葉萵苣、起司，
　讓起司的角朝向正面露出，再放上火腿。
　擺上一圈水煮蛋切片，排列時讓切片稍微
　重疊。
❷將裝有美乃滋的小夾鏈袋剪去一丁點，迅
　速上下來回移動擠上美乃滋。最後灑上粗
　粒黑胡椒，蓋上切好的另一半貝果做成三
　明治。

巧克力香蕉

材料

香蕉… 1 根　　　　巧克力… 3 片
打發鮮奶油（亦可使用現成市售品）… 適量

製作

❶香蕉切成厚 5 mm 的切片。巧克力細細切碎。

裝飾

❶貝果塗上打發鮮奶油，再擺上一圈香蕉切片，排列時讓切片稍微重疊。
❷於香蕉上灑碎巧克力，蓋上切好的另一半貝果做成三明治。

烤雞肉起司

材料

綠葉萵苣… 1 片
烤雞肉（使用市售的烤雞肉罐頭或者現成的熟食小菜）… 適量
起司片… 1 片
奶油… 適量
美乃滋… 適量

製作

❶貝果塗上奶油再稍微烤一下。綠葉萵苣洗淨瀝乾。

裝飾

❶於下半片的貝果上放置起司片，讓起司的角朝向正面露出，疊上綠葉萵苣，以畫圓方式擠一些美乃滋，再加入烤雞肉。蓋上切好的另一半貝果做成三明治。

酪梨生火腿番茄

材料

酪梨… 1／4 個　　　小番茄… 3 ～ 4 個
生火腿… 1 片　　　　綠葉萵苣… 1 片
奶油… 適量　　　　　美乃滋… 適量
粗粒黑胡椒… 少許

製作

❶貝果塗上奶油再稍微烤一下。綠葉萵苣洗淨瀝乾。酪梨切成 2 ～ 3 mm 厚的切片，番茄去蒂切成 2 ～ 3 等份的切片。美乃滋放入食品用小夾鍊袋中。

裝飾

❶於下半片的貝果上鋪放綠葉萵苣，再擺上一圈番茄切片，排列時讓切片稍微重疊，添加生火腿，再擺放酪梨片，排列時讓切片稍微重疊。
❷將裝有美乃滋的小夾鍊袋剪去一丁點，擠出網狀花紋。最後依個人喜好灑上粗粒黑胡椒，蓋上切好的另一半貝果做成三明治。

柳橙蔓越莓

材料

柳橙（2 mm 厚的輪切片）… 3 片
奶油起司… 適量
蔓越莓乾… 6 粒
蜂蜜… 適量

製作

❶貝果稍微烤一下。奶油起司放室溫軟化或者用微波爐加熱軟化。柳橙去皮 切成一半。

裝飾

❶下半片的貝果塗抹奶油起司，擺放一圈柳橙，讓皮朝向外側，排列時稍微重疊，將蔓越莓置於柳橙上。
❷最後淋一些蜂蜜，蓋上切好的另一半貝果做成三明治。

南瓜可樂餅

材料

南瓜可樂餅… 1 個　　綠葉萵苣… 1 片
豚骨醬… 適量　　　　奶油… 適量
美乃滋… 適量

製作

❶貝果塗上奶油再稍微烤一下。綠葉萵苣洗淨瀝乾。豚骨醬放入食品用小夾鍊袋中。

裝飾

❶於下半片的貝果上鋪放綠葉萵苣，用美乃滋畫圓，再放上可樂餅。
❷將裝有豚骨醬的小夾鍊袋剪去一丁點，迅速上下來回移動擠豚骨醬。闔蓋切好的另一半貝果做成三明治。

Meatball &
Broccoli

Margherita

Bacon & Egg

迷你披薩
3×3

披薩餅皮多由自己製作，但在發
現有現成的迷你披薩餅皮時實在
是覺得太感動太方便啦！♡也非
常適合放上當季食材或者孩子們
最愛的棉花糖和水果。拍照後一
定要烤過後再吃。

Kinpira

Eggplant &
Zucchini

Bacon & Asparagus

Sausage & Egg

Marshmallow

Honey & Nuts

67

肉丸青花椰菜

材料
肉丸（亦可使用現成市售品）… 3 個
小番茄… 1 個
青花椰菜… 1 朵
番茄醬汁… 適量
綜合起司… 適量
製作
❶肉丸用微波爐加熱後切半。青花椰菜先水煮過或者用微波爐加熱，再分成 5 小朵備用。
裝飾
❶將番茄醬汁用湯匙的背面塗上披薩餅皮，再放上起司。
❷等間隔放上肉丸，肉丸和肉丸之間放上分切成小朵的青花椰菜。用小烤箱烤到起司融化。正中央放上番茄。

金平牛蒡

材料
金平牛蒡
　（前天的剩菜或現成市售品皆可）… 適量
奶油起司… 1 大匙
綜合起司… 適量
海苔絲… 適量
製作
❶奶油起司放室溫軟化或用微波爐加熱軟化。
裝飾
❶披薩餅皮塗抹變軟的奶油起司，疊放金平牛蒡，灑上起司後用小烤箱烤到起司融化。最後點綴海苔絲即成。

茄子櫛瓜

材料
茄子… 1 ／ 3 根
櫛瓜（黃）… 1 ／ 3 根
荷蘭豆… 1 個
彩椒（紅），巴西利… 各適量
披薩醬汁… 適量
綜合起司… 適量
鹽、胡椒… 各適量
製作
❶茄子切成 4 mm厚的切片後泡水備用。櫛瓜切成 3 mm厚的切片。
❷茄子和櫛瓜用平底鍋稍微煎一下，再灑上鹽和胡椒。荷蘭豆用熱水快速燙一下後剖開備用，如 P67 的照片所示。將彩椒細細切碎。
裝飾
❶將披薩醬汁用湯匙的背面塗上披薩餅皮後鋪放起司。將茄子切片排成一圈，將切片稍微重疊，再以同樣方式添加櫛瓜。
❷再次灑少許起司，並於上方平均散落彩椒。用小烤箱烤至起司融化為止，最後以荷蘭豆裝飾，灑上巴西利。

瑪格麗特風

材料
羅勒葉… 適量
小番茄… 2 個
迷你包裝起司… 1 個
番茄醬汁… 適量
製作
❶小番茄去蒂橫切成一半。迷你包裝起司用圓形壓模（大＋小）壓出形狀，將壓好形狀的起司分別橫切成一半。
裝飾
❶將番茄醬汁用湯匙的背面塗上披薩餅皮。
❷等間隔放上 4 片起司，於起司和起司之間放上番茄。用小烤箱烤至起司融化為止，最後再裝飾羅勒。

香腸佐蛋

材料
香腸… 1～2 根
鵪鶉蛋… 2 個
青椒… 1／2 個
番茄醬汁… 適量
綜合起司… 適量
巴西利… 適量
製作
❶將 1 根香腸切成 3 mm 厚的切片，鵪鶉蛋做成水煮蛋後縱切成一半。青椒切成厚 2 mm 的切片。
裝飾
❶將披薩醬汁用湯匙的背面塗上披薩餅皮，放滿起司和青椒。再以等間隔安放 6 片香腸，烤到起司融化為止。
❷將水煮蛋平均放上①靠近中央處，如 P67 的照片所示。最後灑上巴西利即成。

 蘆筍培根

材料
蘆筍… 4 支
半片培根… 1 片
披薩醬汁… 適量
綜合起司… 適量
美乃滋… 適量
製作
❶將配合披薩餅皮尺寸切成適當大小的培根和蘆筍用平底鍋煎一下。美乃滋放入食品用小夾鍊袋中。
裝飾
❶將披薩醬汁用湯匙的背面塗上披薩餅皮，放上起司後，用小烤箱烤到起司融化。
❷將蘆筍等間隔呈放射狀排列，再將培根置於蘆筍和蘆筍之間。將裝有美乃滋的小夾鍊袋剪去一丁點，迅速擠出網狀花紋。

 培根蛋

材料
半片培根… 1 片
鵪鶉蛋… 2 個
披薩醬汁… 適量
綜合起司… 適量
美乃滋… 適量
粗粒黑胡椒… 少許
製作
❶培根用平底鍋煎一下，再用鵪鶉蛋製作荷包蛋。美乃滋放入食品用小夾鍊袋中。
裝飾
❶將披薩醬汁用湯匙的背面塗抹披薩餅皮，放上起司後，用小烤箱烤到起司融化。
❷將煎過的培根置於①上，再放上荷包蛋。將裝有美乃滋的小夾鍊袋剪去一丁點，迅速斜擠上美乃滋。再依個人喜好灑落粗粒黑胡椒。

 棉花糖

材料
迷你棉花糖… 適量
巧克力醬… 適量
製作　裝飾
❶披薩餅皮塗滿巧克力醬。放上迷你棉花糖，用小烤箱烤過，在棉花糖滿出披薩餅皮之前取出（見 P120）。

 蜂蜜堅果

材料
奶油起司… 1 大匙
蜂蜜堅果（製作方法請參考 P19）… 適量
製作
❶奶油起司放室溫軟化或用微波爐加熱軟化。
裝飾
❶披薩餅皮塗上變軟的奶油起司，再用小烤箱稍微烤過。
❷將蜂蜜堅果放上①。

雞蛋與鵪鶉蛋

製作一般料理時用雞蛋雖然方便，但若要放在迷你尺寸的
披薩或者吐司上時，鵪鶉蛋的比例剛剛剛好。兩者做成荷
包蛋和水煮蛋時的大小差這麼多！

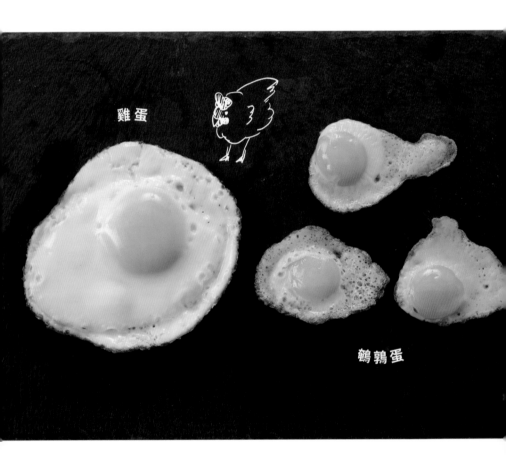

雞蛋

鵪鶉蛋

雞蛋

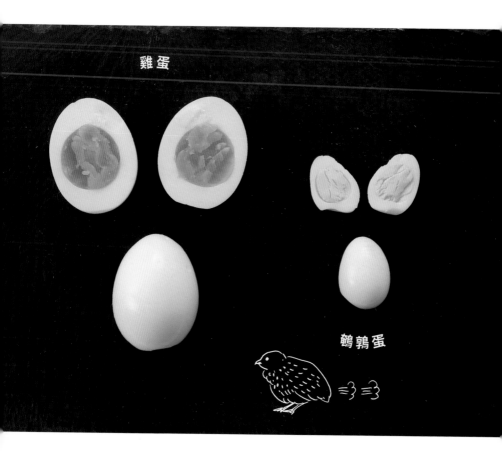

鵪鶉蛋

Banana & Chocolate

Smoked Salmon

Bacon & Egg

Tomatoe & Cheese

Sausage & Egg

Meatball

72

Pastrami & Olive

Ketchup Rice

Avocado

鹹煎餅
3×3

雖然我也很喜歡吃當作點心的煎餅，但偶爾也會想要吃上面放了各式小菜的不甜煎餅。將起司壓成心型可讓孩子們興奮到不行！

鹹煎餅的
製作方法

材料（直徑約8㎝，9片）
低筋麵粉… 100g
泡打粉… 1小匙
蛋… 1個
牛奶… 80 ㎖
優格… 40g
美乃滋… 10g
砂糖… 15g
鹽… 1撮
奶油… 10g
製作
① 低筋麵粉和泡打粉混合後過篩。
② 蛋中加入砂糖和鹽並充分攪拌。
③ 依序加入融化的奶油、美乃滋、優格、牛奶，每加一樣就要充分攪拌。
④ 將②倒入過完篩的①的碗中，攪拌時以中心畫圓，待差不多拌勻後再自外側大致攪拌混合。
⑤ 加熱平底鍋（於沒用鐵氟龍加工的平底鍋中加入奶油〔未包含於食譜中，請自行酌量追加〕後加熱，再擦去多餘油份），先置於濕毛巾上冷卻。
⑥ 於放涼的平底鍋中倒入麵糊，量約勺子的 6～7 成，待麵糊開始沸騰就翻面將反面也煎一下。

巧克力香蕉

材料

香蕉… 1 根　　　　核桃… 3 個
巧克力… 3 塊

製作

①香蕉切成 2 mm厚的切片，巧克力裝入食品用小夾鏈袋中隔水加熱使其融化（見P114）。核桃放入塑膠袋中封好，自上方用擀麵棒之類的器具仔細敲碎。

裝飾

①將裝了融化巧克力的小夾鏈袋剪去一丁點，擠上煎餅再用湯匙推開。沿著煎餅邊緣排放一圈香蕉片。

②於①上放置香蕉，排放時和下面那層稍微錯開。灑些核桃碎，最後用食品用小夾鏈袋迅速擠出網狀花紋的巧克力。

煙燻鮭魚

材料

煙燻鮭魚… 1 片　　　綠葉萵苣… 1 片
奶油起司… 適量　　　檸檬片… 1 片
洋蔥… 少許　　　　　新鮮迷迭香… 1 支
粗粒黑胡椒、鹽… 各少許

製作

①奶油起司放室溫軟化或者用微波爐加熱軟化。洋蔥切成細絲。

裝飾

①煎餅塗上變軟的奶油起司，依序疊放綠葉萵苣、煙燻鮭魚、洋蔥絲、檸檬、迷迭香（迷迭香可如 P72 的照片一樣稍微斜放，看起來會更加可愛）。依個人喜好灑上粗粒黑胡椒和鹽。

燻牛肉佐橄欖

材料

燻牛肉… 2 片　　　　橄欖… 1 顆
紫高麗菜… 適量　　　小番茄… 2 個
綠葉萵苣… 1 片　　　美乃滋… 適量

製作

①紫高麗菜切細絲，橄欖切成 3 ～ 4 等份的輪切片。番茄切除蒂頭，並將切面削平。

裝飾

①於煎餅上擠上適量美乃滋，再用湯匙的背面推開塗滿煎餅。

②於①上放上綠葉萵苣、燻牛肉、紫高麗菜，於靠手邊處排上 2 個番茄，最後灑上橄欖輪切片即成。

培根佐蛋

材料

蛋… 1 個　　　　　　綠葉萵苣… 1 片
半片培根… 2 片　　　奶油… 適量
粗粒黑胡椒、鹽… 各少許

製作

①製作水煮蛋，再用水煮蛋切片器切片。培根用平底鍋稍微煎一下。美乃滋放入食品用小夾鍊袋中。

裝飾

①煎餅上塗滿奶油。

②於①上放上綠葉萵苣，再放上培根片，排放時稍微重疊。再斜放水煮蛋切片，擺放時使蛋稍微重疊，將裝有美乃滋的小夾鏈袋剪去一丁點，迅速擠出網狀花紋。依個人喜好灑下粗粒黑胡椒和鹽。

番茄起司

材料

小番茄… 3 ～ 4 個
迷你包裝起司… 1 個
奶油起司… 適量

製作

①小番茄 1 個切成 3 ～ 4 等份的輪切片，迷你包裝起司用心型壓模壓出心型。奶油起司放室溫軟化或者用微波爐加熱軟化。

裝飾

①煎餅塗滿變軟的奶油起司。

②排上一圈番茄切片，排列時讓切片稍微重疊，於正中央放上壓成心型的起司（見P118）。

番茄醬炒飯

材料
番茄醬炒飯（白飯炒過加入番茄醬和鹽、胡椒調味）… 1／2 份06
切達起司… 1／4 片
綠葉萵苣… 1 片
美乃滋… 適量

製作
❶將番茄醬炒飯放入心型壓模（選用比煎餅小一圈大小的壓模。若沒有適當大小的壓模也可用杯子邊緣壓出圓形）中。切達起司用較小的心型壓模壓出心型。

裝飾
❶煎餅擠上美乃滋，再用湯匙的背面推開塗滿煎餅。
❷放上撕好的綠葉萵苣，排列時讓全體邊緣可以看到皺褶，再放入用心型壓模做成心型的番茄醬炒飯。最後將心型起司置於中央。

 ## 肉丸

材料
肉丸（亦可使用現成市售品）… 3 個
鵪鶉蛋… 1 個
小番茄… 1 個
青花椰菜… 2 ～ 3 朵
綠葉萵苣… 1 片
美乃滋… 適量
粗粒黑胡椒、鹽… 各少許

製作
❶肉丸用微波爐加熱。鵪鶉蛋水煮蛋縱切成一半，小番茄切半。青花椰菜用水煮過或者用微波爐加熱。

裝飾
❶於煎餅上擠適量美乃滋，再用湯匙的背面推開塗滿煎餅。
❷鋪上綠葉萵苣，再放置切半的水煮蛋和肉丸，只在青花椰菜下方擠上美乃滋，再依序加入青花椰菜和小番茄。讓整體看起來更可愛的祕訣就在於將水煮蛋放在邊邊而非正中央。依個人喜好灑些粗粒黑胡椒和鹽即成。

 ## 香腸炒蛋

材料
蛋… 1 個
香腸… 2 根
綠葉萵苣… 1 片
番茄醬… 適量
美乃滋… 適量
粗粒黑胡椒、鹽… 各少許

製作
❶製作炒蛋（見 P35）。香腸 1 根切成 3 mm 厚的切片，用平底鍋稍微煎一下。番茄醬放入食品用小夾鏈袋中。

裝飾
❶於煎餅上擠適量美乃滋，再用湯匙的背面推開塗滿煎餅。鋪上綠葉萵苣，再鋪滿炒蛋。
❷於①上沿著炒蛋的邊緣等間隔放上煎過的香腸，並再放一片於正中央處。將裝有番茄醬的小夾鏈袋剪去一丁點，迅速擠出網狀花紋。依個人喜好灑上粗粒黑胡椒和鹽。

 ## 酪梨

材料
酪梨… 1／3 ～ 1／2 個
奶油起司… 適量
檸檬片… 1 片
美乃滋… 適量
粗粒黑胡椒、鹽… 各少許

製作
❶酪梨縱向切片後備用。奶油起司置於室溫中軟化或者用微波爐加熱軟化備用。美乃滋放入食品用小夾鍊袋中。

裝飾
❶煎餅塗上變軟的奶油起司，放置酪梨片，排列時稍微重疊（見 P113）。
❷將裝有美乃滋的小夾鏈袋剪去一丁點，迅速左右來回擠出美乃滋。灑上粗粒黑胡椒和鹽，最後平均放上檸檬片即成。

06 1份約150g。

75

將 煎餅平放

Simple

VS 煎餅塔

若想吃簡單一點的口味可將煎餅平放，並讓每片煎餅稍微重疊。不過如果要搭配鮮奶油和水果一起吃時則一定要堆成煎餅塔！就算一樣是6片煎餅，裝飾方法不同魄力也完全不一樣。

Cute

Mentaiko

Fried Chicken

Omelette Rice

Tsukune & Macrophyll

Grilled Rice Ball

Plum

Red Rice

Salmon

Salt kelp &
Cheese

飯糰

3×3

吃膩了麵包可以將飯糰排成3×3
九宮格做成早餐。我們家的小孩
也非常喜歡吃飯糰。放上蛋或者
炸雞塊做出像兒童餐一樣有趣的
早餐！

炸雞塊

材料
炸雞塊（亦可使用現成市售品）… 1 塊
味付海苔（12 切）… 2 片
鹽… 少許
青蔥（小口切成蔥花）… 適量
製作
❶將白飯 1 小份07置於保鮮膜灑鹽上，再握成圓形，中央稍微壓出凹陷處。炸雞塊切成一半。
裝飾
❶將炸雞塊安放凹陷處，其中一半切面朝上，灑一些蔥花。
❷用海苔包起側面。

 ### 明太子

材料
明太子… 2 小匙
紫蘇葉… 1 片
鹽… 少許
製作
❶保鮮膜灑鹽，放上白飯 1 小份，中間放入一半明太子，用飯將明太子包住，握成圓形。
裝飾
❶飯糰放上紫蘇葉，再於中央處添加明太子。

 ### 紅飯

材料
紅飯（亦可使用現成市售品）… 1 小份
芝麻… 少許
山椒嫩葉等… 依個人喜好
製作
❶保鮮膜灑鹽，放上紅飯再握成圓形。
裝飾
❶於紅飯表面灑上黑芝麻。依個人喜好可於中央放上山椒嫩葉等配料。

 ### 紫蘇葉雞肉丸

材料
雞肉丸（亦可使用現成市售品）… 1 個
紫蘇葉… 1 片
熟芝麻… 1／2 小匙
麻油… 少許　鹽… 少許
製作
❶碗中放入 1 小份白飯，紫蘇葉撕碎後加入碗中，再放入熟芝麻和麻油後攪拌混合。
❷保鮮膜灑鹽放上拌勻的飯，握成圓形後將中央稍微壓出凹陷處。
裝飾
❶於凹陷處放上雞肉丸，最後灑上少許熟芝麻（未包含於食譜中，請自行酌量追加）。

 ### 蛋包飯

材料
蛋… 1 個
牛奶… 1 大匙
鹽、胡椒… 各少許
番茄醬… 適量
製作
❶將白飯 1 小份加入番茄醬拌炒。灑上鹽、胡椒做成番茄醬炒飯後用保鮮膜包起握成圓形。
❶打 1 個蛋至碗裡，拌入所有牛奶和鹽，倒入玉子燒煎鍋去煎。煎出的蛋用較小的杯子邊緣壓出形狀。
裝飾
❶於番茄醬炒飯上放置壓出形狀的蛋，將心型壓模置於中心，於心型壓模中擠入番茄醬，順著壓模用湯匙壓平。

鮭

材料
鮭（日式炒鮭魚鬆亦可）… 1 片
青蔥（小口切成蔥花）… 1 小匙
熟芝麻… 1 ／ 2 小匙
鹽… 少許

製作
❶將用小烤箱或者烤爐烤過的鮭魚大致弄碎備用。碗中加入 1 小份白飯，保留一部分鮭魚用來放在飯糰最上方裝飾，將剩下的鮭魚、全部熟芝麻和青蔥拌勻。

裝飾
❶保鮮膜灑鹽放上拌勻的飯，再握成圓形。中央裝飾鮭魚，最後灑上熟芝麻（未包含於食譜中，請自行酌量追加）即成。

 ## 烤飯糰

材料
醬油… 1 ／ 2 大匙
味醂… 1 小匙
青蔥（小口切成蔥花）… 適量
芝麻… 適量
麻油… 少許
奶油… 5g

製作
❶碗中加入醬油、味醂、芝麻後攪拌，加入 1 小份白飯，將調味料和白飯拌勻。用保鮮膜包起握成圓形。於平底鍋中加熱麻油，用小火去煎握成圓形的飯糰兩面，煎到帶點焦痕為止。煎出焦痕後於平底鍋中加入奶油，將飯糰兩面煎出更濃的焦色。

裝飾
❶依個人喜好灑上青蔥，芝麻（未包含於食譜中，請自行酌量追加）即成。

 ## 梅子

材料
梅子香鬆… 適量
梅干… 1 個

製作
❶碗中放入 1 小份白飯，依照個人喜好加入適量香鬆後拌勻備用。

裝飾
❶拌勻的飯放入保鮮膜並握成圓形，中央稍微壓出凹陷處。於凹陷處放上梅干。

 ## 鹽昆布佐起司

材料
鹽昆布… 5g
毛豆… 3 個左右
迷你包裝起司… 1 ／ 2 個
麻油… 少許

製作
❶迷你包裝起司切成邊長 5 mm 的丁。碗中加入 1 小份白飯、鹽昆布、剝好的毛豆、切好的起司、麻油後拌勻。

裝飾
❶拌勻的飯放入保鮮膜並握成圓形。握時要讓朝上的面看得見所有放入的食材。

今天是**運動會**。帶上份量十足
色彩繽紛的便當，以拿下冠軍為目標！

孩子們最喜歡的炸雞塊、鵪鶉蛋再搭上水果雞尾酒做成熱鬧繽紛的組合。配菜的調味偏濃，因此飯糰就做成各三個較簡單的口味。便當中也試著加入P46、P47所介紹的麵包捲並稍微做了些變化做成不加眼珠的版本。便當也要叫我第一名（笑）。

Scallops

Cucumber

Shrimp

Lotus Root

Tuna

Radish

Red Snapper

Salmon 手鞠壽司

3×3

感覺很費工又麻煩⋯⋯而一直遲遲無法動手挑戰的手鞠壽司。就在這時，我看到超市賣的海鮮散壽司，靈機一動，想到如果用這個來做應該可以很簡單地完成吧？做出來的成果便是「拆開來的」手鞠壽司（笑）。

Crab

製作基本的醋飯，準備9個握成一口大的醋飯。

基本的醋飯

材料
白飯… 2 合[08]份
A（混合醋）
┃ 醋… 2 又 2／3 大匙
┃ 砂糖… 2 又 1／2 大匙，
┃ 鹽… 1 小匙
製作
❶混合 A 做成壽司醋。
❷於溫熱的白飯上繞圈澆淋壽司醋，用飯匙去切，拌勻白飯和醋。

 ## 帆立貝

材料
帆立貝（水煮）… 1 個
蛋絲（製作玉子燒，放涼後切成 1 ～ 2 mm 寬）… 適量
蘿蔔嬰… 適量
製作
❶帆立貝橫切成一半（不要切斷）打開。
裝飾
❶於握好的醋飯上依序放上蛋絲和打開的帆立貝。最後裝飾蘿蔔嬰。

 ## 小黃瓜

材料
小黃瓜… 適量
鮭魚卵… 適量
製作
❶小黃瓜切薄片。
裝飾
❶於握好的醋飯上將小黃瓜切片排成圓形，排列時切片要稍微重疊。
❷最後以鮭魚卵裝飾。

 ## 鯛魚

材料
鯛魚… 1 片
山椒嫩葉等… 依個人喜好
製作　裝飾
❶將鯛魚和握好的醋飯放上保鮮膜，再一起握一下。依個人喜好於中央裝飾上山椒嫩葉等配料。

 ## 蓮藕

材料
蓮藕切片… 2 片
紫蘇葉… 1 片
鮭魚卵… 適量
「基本的醋飯」中的混合醋… 1 大匙
製作
❶蓮藕切成薄薄的輪切片，煮至柔軟，浸泡於混合醋中備用。
❷蓮藕用廚房剪刀沿著蓮藕的空洞周圍剪出花型。
裝飾
❶於握好的醋飯上覆上紫蘇葉葉輕輕握一下，擺上切成花型的蓮藕片，排列時讓切片稍微重疊。最後點綴鮭魚卵。

08　米1合約150g。加水煮成飯後重量會增加一點。

蝦

材料
蝦（水煮）… 1 尾
蛋絲（製作玉子燒，放涼後切成 1 ～ 2 ㎜
　寬）… 適量
製作
❶將握好的醋飯以蛋絲包裹（亦可使用保鮮
　膜）。
裝飾
❶將蝦放上製作①後輕輕握一下。

 ## 鮭魚

材料
鮭魚… 1 片
製作　裝飾
❶將鮭魚和握好的醋飯放上保鮮膜，再一起
　握一下。

 ## 鮪魚

材料
鮪魚… 1 片
蔥… 適量
製作
❶將蔥小口切成蔥花。將鮪魚和握好的醋飯
　放上保鮮膜，再一起握一下。
裝飾
❶最後放上蔥即成。

 ## 櫻桃蘿蔔

材料
櫻桃蘿蔔… 適量
鮭魚卵… 適量
製作
❶櫻桃蘿蔔切薄片。
裝飾
❶於握好的醋飯上將櫻桃蘿蔔切片排成圓
　形，排列時切片要稍微重疊。
❷最後將鮭魚卵放上去。

 ## 蟹

材料
蟹肉或者蟹肉棒… 適量
蛋絲（製作玉子燒，放涼後切成 1 ～ 2 ㎜
　寬）… 適量
製作
❶將握好的醋飯以蛋絲包裹（亦可使用保鮮
　膜）。
❷弄散蟹肉或者蟹肉棒備用。
裝飾
❶將弄散的蟹肉或蟹肉棒裝飾於製作①上。

用海鮮散壽司做成的
手鞠壽司

將這個拆開使用！

**利用超市的壽司區賣的海鮮
散壽司可讓製作手鞠壽司更
加簡單輕鬆。**

製作
❶將所有的配料完整拿起，分成醋飯
　和料（海鮮、蛋絲、紫蘇葉）。
❷將拿掉料的醋飯握成一口大小，和
　海鮮切片一起放在保鮮膜上包起，
　握成手鞠壽司。
❸呈半透明的海鮮切片（鯛魚或花枝、
　鮪魚等）的醋飯要另外製作，這樣
　和醋飯一起握好後看起來才會漂
　亮。此外，色澤不透明的鮭魚或蝦
　等食材可以使用握成圓形的散壽司
　醋飯，如果在意側面會露出顏色，可
　以用蛋絲或紫蘇葉將醋飯包起來。
❹最後裝飾上蘿蔔嬰、鮭魚卵、蔥、蟹
　肉等配料。

普通版咖哩飯

Regular

我們家固定的菜單中其中之一就是小孩子最喜歡的咖哩。
將雞肉咖哩配上白飯，咖哩飯就完成了。只要做好咖哩醬
放著備用，就可享受多種組合的樂趣。

VS 豪華版咖哩飯

Gorgeous

只要在普通版咖哩飯所使用的咖哩醬上擺上繽紛的烤夏季蔬菜，就可變身成如此豪華的咖哩飯！只是將白飯換成番紅花飯就可讓香氣變得更豐富，就像咖啡廳裡賣的咖哩飯一樣。

Fried Chicken

Meat ball & Egg

Kinpira

Grilled Chicken

potato Salad

鯛魚燒三明治

3×3

鯛魚燒三明治的麵糊和鹹煎餅一樣，調味不要太甜，只要帶一點點味道就好。若不喜歡起司也可選擇不加。關鍵在於中間夾的料要確實調味！

Ham & Egg

Fried Noodles

Mentaiko Lotus Root

Thick-Sliced Ham

基本鯛魚燒
麵糊的製作方法。

材料（9個的量）
※依鯛魚燒機大小會有所不同
低筋麵粉… 150g
泡打粉… 3g
砂糖… 20g
蛋… 1個（L號蛋為佳）
牛奶… 120 ㎖
優格… 50g
美乃滋… 15g
奶油… 15g
起司粉… 20g（若沒有起司
　粉用綜合起司亦可）
鹽… 1撮多

製作
❶混合低筋麵粉和泡打粉後
　過篩至碗裡。
❷將砂糖過篩。奶油用微波
　爐加熱融化備用。開始預
　熱鯛魚燒機。
❸拿另一個碗打蛋，加入過
　完篩的砂糖和鹽後充分攪
　拌。
❹於❸中依序加入融化的奶
　油、美乃滋、優格、牛奶，
　每加一樣就要充分攪拌。

❺於❹中加入起司粉或綜合
　起司，再繼續攪拌混合
　（若不喜歡起司不加也可
　以）。
❻將❺倒入❶的碗中，攪拌
　時以中心畫圓，待差不多
　拌勻後再自外側大致攪拌
　混合，做成麵糊。
❼待鯛魚燒機預熱完成，用
　偏大的湯匙（或者偏小的
　湯勺）舀入約 1～1.5匙
　左右的麵糊，用刮刀等器
　具推開麵糊裝滿鐵板。

炸雞塊

材料
炸雞塊（亦可使用現成市售品）… 2 塊
綠葉萵苣… 1 片　檸檬片… 1 片
美乃滋… 適量
製作
❶炸雞塊用小烤箱烤過。
裝飾
❶鯛魚燒切半後鋪放綠葉萵苣，再擠美乃滋。
❷於美乃滋上放炸雞塊，將檸檬片置於背鰭和尾鰭之間，蓋上切好的另一半鯛魚燒做成三明治（稍微偏下方放置）。

 ## 馬鈴薯沙拉

材料
馬鈴薯沙拉（亦可使用現成市售品）… 適量
奶油… 適量
小番茄… 1 個
綠葉萵苣… 1 片
製作
❶鯛魚燒塗上奶油備用。
裝飾
❶鯛魚燒切半後鋪放綠葉萵苣，再放馬鈴薯沙拉。
❷小番茄置於魚頭上方，蓋上切好的另一半鯛魚燒做成三明治（稍微偏下方放置）。

 ## 金平牛蒡

材料
金平牛蒡（亦可使用現成市售品）… 適量
綠葉萵苣… 1 片
毛豆… 適量
美乃滋… 適量
芝麻… 適量

製作
❶將毛豆自毛豆莢中取出。
裝飾
❶鯛魚燒切半後鋪放綠葉萵苣，再擠美乃滋。
❷於美乃滋上放置金平牛蒡，再平均散落毛豆。最後灑上芝麻，蓋上切好的另一半鯛魚燒做成三明治（稍微偏下方放置）。

 ## 肉丸佐蛋

材料
肉丸（亦可使用現成市售品）… 1 個
水煮蛋切片… 2 片　小番茄… 1 個
綠葉萵苣… 1 片
美乃滋… 適量
芝麻、鹽、胡椒… 各少許
製作
❶肉丸用微波爐加熱後切半。
裝飾
❶鯛魚燒切半後鋪放綠葉萵苣，再擠美乃滋。
❷於美乃滋上從左側開始鋪排水煮蛋切片，並讓切片稍微重疊，再放上肉丸，切面朝下。加入小番茄，肉丸，以芝麻、鹽、胡椒調味，蓋上切好的另一半鯛魚燒做成三明治（稍微偏下方放置）。

 ## 烤雞肉

材料
烤雞肉（亦可使用現成市售品）… 1 串
綠葉萵苣… 1 片
檸檬片… 1 片
美乃滋… 適量
製作
❶自竹籤上取下烤雞肉，用小烤箱稍微烤過備用。
裝飾
❶鯛魚燒切半後鋪放綠葉萵苣，再擠美乃滋。
❷於美乃滋上放置烤雞肉，再添加檸檬片，蓋上切好的另一半鯛魚燒做成三明治（稍微偏下方放置）。

 ## 火腿蛋

材料
蛋… 1 個
火腿… 1 片
綠葉萵苣… 1 片
美乃滋… 適量
鹽、胡椒… 各少許
材料
①做好荷包蛋備用。將火腿做成火腿皺摺花備用（見 P111）。
製作
①鯛魚燒切半後鋪放綠葉萵苣，再擠美乃滋。
②於美乃滋上放置荷包蛋，再灑上鹽和胡椒。最後於鯛魚燒的魚嘴附近將火腿皺摺花擺成像是從魚嘴吹出來的樣子，再蓋上切好的另一半鯛魚燒做成三明治（稍微偏下方放置）。

 ## 厚切火腿

材料
厚切火腿片… 3 片
水煮蛋切片… 1 片
蘆筍… 2 支
綠葉萵苣… 1 片
美乃滋… 適量
鹽、胡椒… 各少許
製作
①厚切火腿和蘆筍一起用平底鍋炒一下。蘆筍再灑上鹽和胡椒。
裝飾
①鯛魚燒切半後鋪放綠葉萵苣，再擠美乃滋。
②於美乃滋上放置厚切火腿，讓切片稍微重疊，並將水煮蛋置於鯛魚燒魚嘴附近。在水煮蛋旁邊加入交叉疊好的蘆筍，蓋上切好的另一半鯛魚燒做成三明治（稍微偏下方放置）。

 ## 明太子蓮藕

材料
奶油… 適量
綠葉萵苣… 1 片
明太子蓮藕… 適量
（製作方法參考下方＊的說明）
製作
①鯛魚燒塗抹奶油備用。
裝飾
①鯛魚燒切半後鋪放綠葉萵苣，放上明太子蓮藕。蓋上切好的另一半鯛魚燒做成三明治（稍微偏下方放置）。

＊明太子蓮藕的製作方法

材料
蓮藕… 1 節
明太子… 1／2 副
美乃滋… 1 大匙　　醬油… 少許
醋… 適量　　　　水… 適量
製作
①蓮藕去皮切半再切成 3 mm厚的切片，浸泡於醋水中去除澀味。
②明太子自外皮中取出放入碗裡，和美乃滋、醬油一起攪拌（一邊試味道一邊調整美乃滋的量）。
③蓮藕去除澀味後煮 2～3 分鐘，充分瀝乾水分再放入 2 中拌勻。

 ## 日式炒麵

材料
日式炒麵… 適量
水煮蛋切片… 1 片
綠葉萵苣… 1 片
美乃滋… 適量
製作　裝飾
①鯛魚燒切半後鋪放綠葉萵苣，再擠美乃滋。
②於美乃滋上放置日式炒麵。將水煮蛋置於背鰭和尾鰭之間，蓋上切好的另一半鯛魚燒做成三明治（稍微偏下方放置）。

起司蛋糕條

3×3

因為嚮往店裡玻璃櫃中陳列的起司蛋糕條，於是自己動手做做看。利用變化水果的切法或排列方法妝點蛋糕條，最後放上香草裝飾，看起來是不是很時尚咖啡廳風!?

Honey & Nuts

Strawberry

Oran

Kiwi Fruit

Blueberry

Banana

Mango &
Honey Lemon

American
Cherry

Muscat &
Honey Lemon

起司蛋糕條的製作方法

材料
奶油起司… 200g
鮮奶油… 200 ㎖
細砂糖… 60g
蛋… 2 個
低筋麵粉… 30g
檸檬汁… 2 大匙
製作
❶烤箱預熱至 180℃。鋪上 18×18 cm 正方形的烘焙紙。奶油起司放室溫軟化或者用微波爐加熱軟化。
❷果汁機中加入低筋麵粉以外的材料,攪拌至滑順為止。(若是製作巧克力起司蛋糕,加入隔水加熱融化的巧克力 100g 後再度攪拌。不要加檸檬汁。)
❸加入過篩的低筋麵粉(若是製作巧克力起司蛋糕則加入低筋麵粉 20g,可可粉 10g),再繼續攪拌。
❹倒入步驟①所準備的模具中,輕敲調理台擠出空氣。
❺用 180℃的烤箱烤 35 ～ 40 分鐘。
❻烤完後放涼,再放入冰箱冷卻使之凝固,待形狀完全固定後切成條。裝飾時切除兩端。

蜂蜜堅果

材料
蜂蜜堅果(製作方法請參考 P19)… 適量
製作
❶自蜂蜜堅果中先挑選出色彩較鮮豔的蔓越莓乾和開心果備用。
裝飾
❶將蔓越莓乾及開心果以外的綜合堅果平均排列於蛋糕棒上。
❷裝飾上蔓越莓乾及開心果,並根據色彩的均衡來調整配置。

奇異果

材料
黃金奇異果(切片)… 1 片
綠色奇異果(切片)… 1 又 1／4 片
薄荷葉… 適量
製作
❶將 1 片奇異果再分切成 4 等份。薄荷葉洗淨後瀝乾。
裝飾
❶將綠色奇異果和黃金奇異果交互重疊排列擺好。此時要注意讓綠色奇異果和黃金奇異果呈左右對稱。
❷最後平均裝飾薄荷葉。

草莓

材料
草莓… 4 又 1／2 個
細葉香芹… 適量
製作
❶草莓洗淨,直接連蒂一起縱切成一半。細葉香芹洗淨後瀝乾備用。
裝飾
❶將縱切成一半的草莓再度拼起來,左右稍微錯開排列,再平均裝飾上細葉香芹。

藍莓

材料
藍莓… 適量
新鮮百里香… 1 支
製作
❶藍莓和百里香洗淨後瀝乾水分。
裝飾
❶統一藍莓的方向(上下),排列時讓左右兩排稍微錯開。最後裝飾上百里香即成。

柳橙

材料
柳橙（切片）… 1又1／2片
檸檬香蜂草… 適量
製作
❶柳橙切片前確實將外皮洗淨，再切成 3 mm
　厚的切片。將 1 片柳橙切片分切成 8 等份
　備用。檸檬香蜂草葉洗淨後瀝乾備用。
裝飾
❶將切成 1／8 的柳橙片左右交互重疊擺
　放，並露出柳橙外皮，平均裝飾檸檬香蜂
　草。

※吃的時候請去掉柳橙皮。

美國賓櫻桃

材料
美國賓櫻桃… 適量
製作
❶美國賓櫻桃洗淨後瀝乾備用。
裝飾
❶排列時讓櫻桃梗部分呈左右交錯方向。

香蕉

材料
香蕉… 1 根
製作
❶香蕉去皮，切成厚 5 mm的切片。
裝飾
❶自另一端起朝向自己手邊擺放香蕉片，並
　讓香蕉片稍微重疊。

麝香葡萄佐蜂蜜檸檬

材料
麝香葡萄（可帶皮食用的品種）… 5 個
薄荷… 適量
蜂蜜檸檬… 1又1／4片
　（製作方法請參考右記＊）

製作
❶將 1 片蜂蜜檸檬分切成 4 等份備用。麝香
　葡萄縱切成一半。薄荷洗淨瀝乾水分。
裝飾
❶將切半的麝香葡萄再度拼起來，左右稍微
　錯開排列。
❷麝香葡萄和麝香葡萄之間夾入切成 1／4
　的蜂蜜檸檬片。最後裝飾薄荷即成。

※吃的時候依個人喜好去除檸檬皮或者直接食用皆可。

芒果佐蜂蜜檸檬

材料
芒果（冷凍芒果亦可）… 適量
檸檬香蜂草… 適量
蜂蜜檸檬… 1 片
　（製作方法參考下方＊的說明）
製作
❶將芒果切成和起司蛋糕條一樣寬度。將 1
　片蜂蜜檸檬分切成 6 等份備用。檸檬香蜂
　草葉洗淨瀝乾水分。
裝飾
❶將芒果由上而下排列於起司蛋糕條上。
❷芒果和芒果之間左右交錯夾入切成 1／6
　的蜂蜜檸檬片。最後平均裝飾上檸檬香蜂
　草。

　蜂 蜜 檸 檬 的 製 作 方 法

　材料
　檸檬（若買得到則使用日本產檸檬）…
　　1 個
　蜂蜜… 100g
　製作
　❶將用來保存的瓶子事先煮沸消毒。
　❷檸檬皮充分洗淨後切成 2 mm厚的輪
　　切片。
　❸將檸檬片放入瓶中，加入所有蜂蜜。
　❹放冷藏 2～3 日醃漬入味。

Chocolate Crunch

甜甜圈

3×3

都會區很知名的那家甜甜圈店……在我住的城市裡找不到（笑）。既然如此就自己在家做看看吧，於是便開始動手製作各式各樣的甜甜圈，現在甜甜圈已經是我們家固定的點心菜單，做得開心吃得也開心！

Strawberry

Matcha & White Crunch

Matcha

Coconut

Chocolate

Almond Praline

lk
ocolate

Double Strawberry

99

> **烤甜甜圈的
製作方法**

材料（直徑6cm×6個模具烤兩次）

A ｜ 低筋麵粉… 55g
　｜ 杏仁粉… 10g
　｜ 泡打粉… 2g
蛋… 1個　砂糖… 40g
蜂蜜… 5g　牛奶… 3大匙
奶油… 40g　香草精… 約灑4次

製作
1. 將A的粉類混合後過篩。奶油用微波爐加熱融化備用。將模具事先塗抹上奶油或沙拉油（未包含於食譜中，請自行酌量追加）。烤箱設定180℃開始預熱。
2. 於碗中打一顆蛋打勻，加入砂糖攪拌，再加入蜂蜜攪拌。
3. 加入融化的奶油至②中攪拌，再加入牛奶攪拌，並灑入香草精。
4. 於①中加入過完篩的粉類，攪拌至粉的質感消失為止（注意不可過度攪拌）。
5. 將麵糊均勻地倒入模具中，放入預熱至180℃烤箱烤15分鐘。充分冷卻後再予以裝飾。

 ## 巧克力脆片

材料
黑巧克力… 10～15g
黑色餅乾碎片… 適量
（可於烘焙材料行等地方購得）

製作
1. 黑巧克力用微波爐加熱融化備用。（以500W烤1分鐘為基準）。

裝飾
1. 原味甜甜圈用湯匙背面等器具塗上融化的黑巧克力。
2. 在巧克力乾掉前全面裹上黑色餅乾碎片。

 ## 抹茶

材料
抹茶巧克力… 10～15g
水果顆粒（芒果）… 適量
白巧克力… 適量

製作
1. 抹茶巧克力用微波爐加熱融化備用（以500W烤1分鐘為基準）。白巧克力裝入食品用小夾鏈袋中隔水加熱使其融化（見P114）。

裝飾
1. 原味甜甜圈用湯匙背面等器具塗上融化的抹茶巧克力後稍微風乾。
2. 裝有融化白巧克力的小夾鏈袋剪去一丁點，斜斜擠上。全面灑上水果顆粒（芒果）。

 ## 椰子

材料
牛奶巧克力… 10～15g
椰子絲… 適量

製作
1. 牛奶巧克力用微波爐加熱融化備用（以500W烤1分鐘為基準）。

裝飾
1. 原味甜甜圈用湯匙背面等器具塗上融化的牛奶巧克力。在巧克力乾掉前大量裹上椰子絲。

 ## 草莓

材料
草莓巧克力… 10～15g
白巧克力… 適量

製作
1. 草莓巧克力用微波爐加熱融化備用（以500W烤1分鐘為基準）。白巧克力裝入食品用小夾鏈袋中隔水加熱使其融化（見P114）。

装飾

❶原味甜甜圈用湯匙背面等器具塗上融化的草莓巧克力後稍微風乾。

❷裝有融化白巧克力的小夾鏈袋剪去一丁點，擠出網狀花紋（最後也可放上食用花）。

杏仁帕林內

材料

白巧克力… 10 ～ 15g
杏仁帕林內（praline）… 適量

製作

❶白巧克力用微波爐加熱融化備用（以500W 烤 1 分鐘為基準）。

裝飾

❶原味甜甜圈用湯匙背面等器具塗上融化的白巧克力。

❷在巧克力乾掉前全面裹上杏仁帕林內。

巧克力

材料

黑巧克力… 10 ～ 15g
白巧克力… 適量

製作

❶黑巧克力用微波爐加熱融化備用（以500W 烤 1 分鐘為基準）。白巧克力裝入食品用小夾鏈袋中隔水加熱使其融化（見P114）。

裝飾

❶原味甜甜圈用湯匙背面等器具塗上融化的黑巧克力巧克力後稍微風乾。

❷裝有融化白巧克力的小夾鏈袋剪去一丁點，沿著甜甜圈的形狀擠出一圈一圈的圓形（最後也可放上食用花裝飾）。

抹茶
佐白色餅乾碎片

材料

抹茶巧克力… 10 ～ 15g
白色餅乾碎片… 適量

製作

❶抹茶巧克力用微波爐加熱融化備用（以500W 烤 1 分鐘為基準）。

裝飾

❶原味甜甜圈用湯匙背面等器具塗上融化的抹茶巧克力。在巧克力乾掉前全面裹上白色餅乾碎片。

牛奶巧克力

材料

牛奶巧克力… 10 ～ 15g
白巧克力… 適量

製作

❶牛奶巧克力用微波爐加熱融化備用（以500W 烤 1 分鐘為基準）。白巧克力裝入食品用小夾鏈袋中，隔水加熱使其融化（見 P114）。

裝飾

❶原味甜甜圈用湯匙背面等器具塗上融化的牛奶巧克力後稍微風乾。

❷裝有融化白巧克力的小夾鏈袋剪去一丁點，擠出細細的網狀花紋。

雙倍草莓

材料

草莓巧克力… 10 ～ 15g
水果顆粒（草莓）… 適量

製作

❶草莓巧克力用微波爐加熱融化備用（以500W 烤 1 分鐘為基準）。

裝飾

❶原味甜甜圈用湯匙背面等器具塗上融化的草莓巧克力。在巧克力乾掉前全面灑滿水果顆粒（草莓）。

搭配不同場合設計菜單

在小孩子很多的聖誕派對上，著重於能讓小孩子興奮開心的外觀。將一口大小的迷你貝果三明治排列整齊，讓選擇也成為一種樂趣！

讓聚會更加熱鬧！

活躍於早餐時段的九宮格早餐麵包，只要稍做變化立刻成為派對菜單。
出乎意表的驚喜設計可讓派對間的談話氣氛熱絡起來♪

晚上則推出適合搭配香檳的料理。擺好西班牙蒜味
Tapas和烤雞，在雞尾酒杯中盛裝醋漬小菜，瞬
間搖身一變成大人的聖誕派對！

Birthday Party

自百圓商店購得的小旗子和小物在小孩子眾多的生日派對上超級好用。蛋糕、甜甜圈、迷你漢堡亦全部是親手製作。

Halloween Party

在孩子們最喜歡的萬聖節派對上，將淋上巧克力做
成蜘蛛網主題的蛋糕放在正中央。放上南瓜和鬼怪
造型的點心後萬聖節派對就可以開始囉♪

Happy Holloween

這是我一邊想像孩子們猶豫著不知道該選哪個好的
樣子所製作出的萬聖節版九宮格甜甜圈。
用巧克力筆仔細描繪上眼睛和嘴巴，歡樂有趣的甜
甜圈即大功告成。

開心・熱鬧・上相

3 × 3 の

九宮格裝飾技法

只要學會一點裝飾的小技巧，
便可讓 3 × 3 九宮格變得更加有趣。
重點就是裝飾時要盡量做出立體感。
另外一個訣竅就是要使用維他命色系搭配出繽紛的色彩。
接下來讓我來公開
誰都可以輕鬆學會的裝飾密技！

3×3 九宮格裝飾技法

裝飾可讓3×3九宮格的種類更加豐富。只要在放火腿和塗抹果醬等步驟多下點小工夫，就可完成有趣的吐司麵包。

**事先測量好尺寸
便可完成漂亮的成品！**

棋盤吐司

1 將起司片
置於迷你吐司上

將正方型的起司片裁切成吐司大小。保留切下的邊邊備用。

2 測量火腿大小

測量火腿大小，計算可做出幾個棋盤格。事先測量過便可做出正確大小的棋盤格。

3 將火腿縱切

以吐司一邊等分成5份的1.5cm為一邊的正方形棋盤格寬度，量好後將火腿縱切。

4 將火腿疊起
全部切成正方形

將短籤片狀的火腿重疊好後切成寬1.5cm的正方形。疊好後再切可一次做出大量正方形。

5 自邊邊開始排上火腿

對齊吐司、起司和火腿的角，將火腿置於起司上。自邊邊開始放可以排出整齊漂亮的成品！

6 中間空一片火腿的大小
做成棋盤狀

空下一片火腿的位置再放上一片火腿，再重覆以上步驟。將火腿排成棋盤狀即大功告成。

完成

**最後再放上起司
就可輕鬆完成！**

心型吐司

**1 起司直接放在塑膠膜上
切成吐司大小**

撕開起司的包裝紙，攤開塑膠膜，放上吐司，在包裝紙上將起司裁切成吐司大小。

**2 起司壓出心型後
置於旁邊**

用壓模自起司的邊邊開始壓出心型。將壓好的心型起司片置於心型空洞的右側。

**3 心型的空洞和壓好的
心型起司交互排列**

讓心型的空洞和壓好的心型起司交互排列。

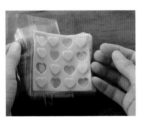

**4 滑動塑膠膜
將起司放到吐司上**

將起司慢慢自塑膠膜包裝上滑動，放到稍微烤過的吐司上。

5 和吐司完全重疊

滑動起司時慢慢來不要焦急，避免起司歪掉。要讓起司能和吐司完全重疊。

**6 在心型的空洞中
擠上果醬**

在心型空洞處分批擠入草莓果醬。果醬要稍微堆出一點高度。

完成

＊欲擠出少量果醬、巧克力、醬汁等材料時，請使用食品用小夾鏈袋。

Point

果醬裝入小夾鏈袋中

為了讓果醬更好擠出，可用手指壓平結塊部分。

剪去一丁點

用剪刀剪去小夾鏈袋的一小角！

要訣在做出圓形和半圓形的火腿

水滴吐司

1 將火腿切成細長條狀和2片半圓

於火腿中央處切出寬5mm的長條（用來做火腿蝴蝶結），做成2片半圓和1條細長條。

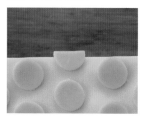

2 壓出圓形和半圓形的火腿

使用圓形的壓模，於半圓片的外側處壓出小圓形火腿片，並利用半圓片的直線做出大量小半圓形火腿片。

3 將起司裁切成吐司大小

於起司片上放上吐司，將起司裁切成吐司大小。

4 交錯排列上火腿片

縱向擺上4片圓形火腿。將圓形火腿排在左側火腿和火腿之間的位置。

※一開始還不熟練時可以先從正中央排列起會較整齊漂亮。

5 於起司的邊緣放上半圓火腿片

於邊緣放上半圓火腿片，再切去超出邊緣的多餘部分。放上半圓火腿片可讓水滴圖案顯得更活潑！

6 於四角放上小小的扇形的火腿片

起司的四角不要留白，將半圓火腿片配合四角大小裁切出小巧的扇形片裝飾四角。

Point

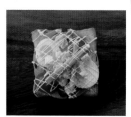

將剩下的材料全部放到吐司上

將剩下的材料全部放到吐司上

將壓模後剩下的火腿和起司，蔬菜和蛋切下的邊邊，所有剩餘食材都放上去做成料超豐富的吐司。

完成

110

和水滴火腿一起製作

火腿蝴蝶結

1 將火腿一端向內側摺起

用雙手拿起火腿，
將火腿一端向內側
摺起。

2 依照內、外、內的順序摺出波浪形

接著將火腿朝外側
摺，再向內側摺成
波浪形，最後要將
另一端朝內摺。

3 中央用條狀火腿束起

用單手壓住摺起的
火腿兩端，用水滴
吐司剩下的長條狀
火腿片於中央繞圈
束起火腿。將火腿
條的一端穿過下方，
如此蝴蝶結就不會
散掉。

／完成＼

比起里肌火腿，使
用無骨火腿或網狀
火腿更好做出漂亮
的成品

帶便當時很方便

火腿皺摺花

1 將火腿摺半

將火腿的兩端對齊
摺半，摺成半圓形。

2 自半圓形的直線側切出切口

自半圓形火腿的直
線側用刀尖以2～3
mm間隔切出切口，
一路切至火腿邊緣
內側5mm處，注意
不可以切斷火腿邊
緣！

3 將火腿捲起後撥開火腿圈

壓住未切斷的火腿
邊緣將火腿捲起，
再將捲好的火腿上
方部分的火腿圈撥
散。

4 整理火腿圈做出漂亮的皺摺花

調整火腿圈，整理
成漂亮的皺摺花狀。
用牙籤穿過基部或
者夾在青花椰菜之
間固定火腿皺摺花。

／完成＼

迷你吐司

綠葉萵苣 × 培根 × 煮蛋 × 迷你蘆筍 × 小番茄

1 於綠葉萵苣上 將培根擺成 V 字型

放上稍微超出麵包大小的綠葉萵苣，
再將培根片擺成 V 字型。

> 若直直地放則
> 看起來扁平欠
> 缺立體感

2 將水煮蛋切片排列於對角線上，切片與切片間稍微重疊

於培根片上擺水煮蛋切片，使切片與
切片間稍微重疊，排列於對角線上。

> 活用百圓商
> 店購得的水
> 煮蛋切片器

3 將美乃滋裝入小夾鏈袋中

將美乃滋裝入食品用小夾鏈袋中，再
剪去一丁點。

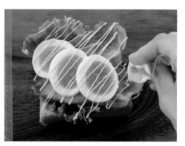

4 從左上朝右下擠出 Z 字型美乃滋

自吐司的左上角朝右下角擠上 Z 字型
美乃滋，美乃滋擠得越細越好。

裝飾法密技

在擠上美乃滋或者醬汁時，要盡可能擠得細一點，擠得越細則看起來越美觀。將小夾鏈袋的邊角盡可能剪去一丁點，要小到肉眼幾乎看不到的程度，如此擠出的花紋會較漂亮。

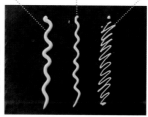

直接從美乃滋容器所擠出　將夾鏈袋剪去一角　只將夾鏈袋剪去一丁點

5 從右上朝左下
擠出Z字型美乃滋

接著改從右上角朝左下角擠上Z字型美乃滋，美乃滋擠得越細越好。

6 於空著的空間
裝飾上迷你蘆筍

於沒有放水煮蛋的地方交叉擺放上2根迷你蘆筍裝飾。

放上小番茄

完成

起司 × 酪梨

1 將酪梨縱切成一半

將起司片裁切成吐司大小，再將酪梨切成一半去籽。

完成

2 將酪梨縱向切片並擺放於起司上，排列時使切片稍微重疊

將酪梨縱切成寬2～3mm的切片後擺放於起司上，排列時使切片稍微重疊。

巧克力醬 × 香蕉

1 將2小塊巧克力塊放入小夾鏈袋中

將2小塊巧克力塊放入食品用小夾鏈袋中，使夾鏈袋確實密合。

2 將整個夾鏈袋放至熱水中融化巧克力

於杯中倒入沸騰的熱水，再放入①，將巧克力融化。小心不要燙傷！

3 放置約30秒讓巧克力融化

放置約30秒就會呈現照片中的狀態。量少時，比起用微波爐加熱融化，放入杯子中用熱水融化還比較簡單。

4 於吐司上塗上巧克力醬，再疊放上香蕉輪切片

於吐司上塗抹大量市售巧克力醬，再放上切成2～3mm厚的香蕉輪切片，排列時使切片和切片稍微重疊。

\完成/

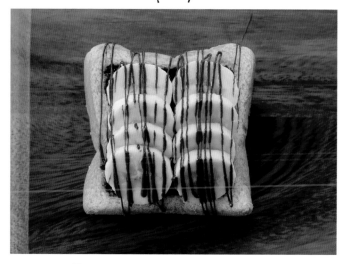

5 將巧克力醬擠出Z字型

最後將小夾鏈袋的角剪去一丁點，縱向擠出Z字型
花紋，巧克力擠得越細越好。

↰

⋯⋯⋯⋯⋯ *Point* ⋯⋯⋯⋯⋯

**根據希望描繪的粗
細選擇適當的材料**

將吐司全面塗上巧克力
時採用市售巧克力醬。
若想要描繪偏粗的線條
可選用巧克力筆，若希
望線條細一點時則要活
用小夾鏈袋！

生火腿乙字折

1 將生火腿切好
置於手指上

將生火腿的橫幅裁切成約手指長度，
攤開生火腿置於手指上。

2 將生火腿以內側外側的順序
交互摺起

將生火腿自一端依內側、外側的順序
交互摺起重疊。

3 摺成 Z 字型後
將皺摺邊朝向手邊放置

交互摺 3 次呈 Z 字型後，將火腿的皺
摺邊朝向手邊放置。

4 自邊緣放上
將皺摺做出空氣感的生火腿

將皺摺做出蓬鬆空氣感的生火腿置
於番茄片上，自左側開始擺上。

5 將生火腿
稍微重疊排列

將摺成 Z 字型的生火腿稍微重疊，自
麵包的一端開始依序擺上。

\ 完成 /

燻牛肉半月折

1 燻牛肉對摺,中間做出空氣感,再置於麵包上

將小片的燻牛肉對摺,小心不要弄扁,做出蓬鬆空氣感後放到麵包上。

2 排放時將開口朝下

排放時將開口朝下,讓燻牛肉片間稍微重疊,自麵包的一端排放到另一端。

完成

Point

關鍵在於
放上切半的可頌增加高度

九宮格的可頌先上下切半再鋪放食材,最後再蓋上麵包增加高度,看起來份量十足。

做出立體感
可讓整體看起來更可愛 迷你披薩

小番茄 ✕ 心型起司

1 將心型壓模置於
迷你包裝起司上

將和小番茄切面差不多大小的心型壓模置於
迷你包裝起司上。

2 將迷你包裝起司
壓成心型

將迷你包裝起司壓成心型備用，最後才會放
上。

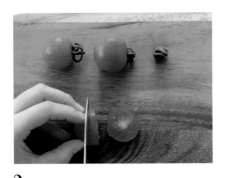

3 小番茄切片

小番茄去蒂，切成2～3mm厚的切片。

4 找出
同樣大小的小番茄

將小番茄切片排列於料理板上，找出同樣大
小的小番茄，將同樣大小的小番茄排列於迷
你披薩上。

裝飾法密技

放上心型的起司
就大功告成啦！

拍照後烤過食用

＊此裝飾法亦可應用於鹹煎餅上。（見P72）

5 將小番茄排成圓形

配合披薩餅皮的形 ，將小番茄排成圓形，並使切片和切片之間稍微重疊。

ℙoint

3×3　披薩的事先準備步驟

用叉子戳出小洞

披薩餅皮加熱後會膨脹，因此在擺放上料之前要先用叉子將整張餅皮戳出小洞。

戳過洞的披薩　未戳洞的披薩

不膨脹　會膨脹

比較左右兩個披薩可以看出左邊戳過洞的披薩較右邊未戳洞的披薩膨脹程度低。

將去邊的餅皮塗上番茄醬汁

醬汁不要塗到整張餅皮的邊緣，保留邊緣內側約5mm不要塗滿。露出一點披薩餅皮可讓整體比例看起來更均衡。

巧克力醬 × 迷你棉花糖

1 於餅皮中央擠上巧克力醬

於餅皮中央大量擠上市售巧克力醬。

2 用湯匙背面推開巧克力醬

用湯匙背面像畫圓一樣將餅皮中央的巧克力醬朝外側推開。

3 塗上巧克力醬，保留餅皮邊緣5㎜不要塗滿

除了餅皮邊緣約5㎜的外圍外，將巧克力醬塗抹均勻。

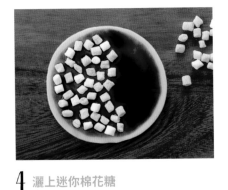

4 灑上迷你棉花糖

將迷你棉花糖平均灑在整個塗有巧克力醬的區域。

拿去烤

5 預留膨脹空間 放上迷你棉花糖

迷你棉花糖加熱後會膨脹，因此放置時要先預留間隔，一邊觀察棉花糖膨脹的情況一邊烤。

烤過後會膨脹至填滿空隙，看起來滿滿的！

完成

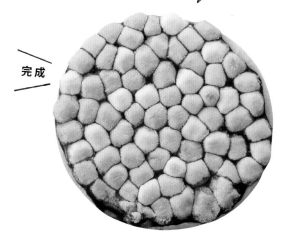

便利裝飾品

廚房用具 & 小物

百圓商店裡
壓模一應俱全

百圓商店裡，用來裝飾九宮格或者便當的壓模種類十分齊全。○是利用市售鮮奶油擠花袋所做出的小工具，將擠花口下方切除就完成了！

料理板

最近百圓商店或者家居用品店都可找到許多便宜又可愛的料理板。可多蒐集各種不同的料理板，裝飾起來非常方便。

餐巾紙

只要將這些餐巾紙墊在麵包下方,就可讓畫面一下子看起來精采萬分。特別推薦使用幾何花紋或有花朵圖案的餐巾紙。

各色各樣的布

拍照時可墊在盤子下,就算只是單純抓皺放在盤子旁邊也可收到畫龍點睛之效。

雜貨店找到的旗子

雜貨店所找到的繽紛三角掛旗。使用這樣的小道具可以使派對菜單的攝影構圖更加熱鬧。

為Instagram照片增色的 壁紙

總是在同一張桌子上拍照會看起來流於形式化。因此將壁紙墊在盤子底下再去拍照。自網路商店購入木紋或者條紋、淺色系等各式各樣的壁紙。希望為照片營造出景深時亦非常好用。

改變壁紙的方向可讓氣氛為之一新！

橫向

轉變木紋白色壁紙的放置方向可改變料理帶給人的感覺。將木紋水平橫放可製造出乾淨俐落的印象。

縱向

若將木紋垂直放置，則木紋會比較突出，料理的輪廓受到突顯，給人鮮明的印象。

Epiloque／後記

對我這個貪吃鬼來說，吃早餐是一種樂趣，
每天晚上睡覺前，都會一邊思考著
「我明天早餐到底要吃什麼……」才進入夢鄉。

而不知從何時開始，
在周末睡前滿腦子想像著九宮格麵包和白飯入睡
已經成了一種慣例。

很不可思議的是，
一旦在腦中想像著九宮格早餐入睡，
隔天眼睛會自動張開迅速起床，
而漸漸地，我也覺得自己製作早餐麵包的技術變得越來越好了。

有人可能會覺得要做出九種變化實在是太麻煩了。
但我其實也用了許多偷懶的撇步，
譬如使用前一天的剩菜或者冷凍食品等等。

有時可加入當季的季節性食材，
有時可在料理中加入一點童心……
或許製作時一點也不勉強自己，總是抱持著快樂心情這點，
才是能讓人持續製作九宮格早餐麵包的祕訣吧。

若本書能幫助大家做出讓人每天起床時
都期待萬分的早餐，那我就太開心了！

希望大家都能享受到愉快的早餐時間！

AYA(@aya_m08)

繽紛美味的休日餐桌，

162 道 IG 人氣食譜的食材搭配×裝飾技巧

九宮格早午餐

かんたん！かわいい！3×3の朝ごパン

國家圖書館出版品預行編目（CIP）資料

九宮格早午餐：繽紛美味的休日餐桌,162道IG人
氣食譜的食材搭配×裝飾技巧 / AYA(あや) 著 ; 周
雨柑譯 .-- 初版 .-- 臺北市 : 麥浩斯出版 : 家庭傳媒
城邦分公司發行 . 2018.06
面；　公分
譯自：かんたん！かわいい！3×3の朝ごパン
ISBN 978-986-408-388-6(平裝)

1. 食譜

427.1　　　　　　　　　　　　　107007825

作者	AYA(あや)
內文設計 & 插圖	蓮尾真沙子 (tri)
編排 & 內文	山本美和 (オフィスペロボー)
過程攝影	田辺エリ
翻譯	周雨柑
責任編輯	張芝瑜
美術設計	郭家振
行銷企劃	蔡函潔

發行人	何飛鵬
事業群總經理	李淑霞
副社長	林佳育
副主編	葉承享
出版	城邦文化事業股份有限公司 麥浩斯出版
E-mail	cs@myhomelife.com.tw
地址	104 台北市中山區民生東路二段 141 號 6 樓
電話	02-2500-7578
發行	英屬蓋曼群島商家庭傳媒股份有限公司城邦分公司
地址	104 台北市中山區民生東路二段 141 號 6 樓
讀者服務專線	0800-020-299（09:30 ～ 12:00; 13:30 ～ 17:00）
讀者服務傳真	02-2517-0999
讀者服務信箱	Email: csc@cite.com.tw
劃撥帳號	1983-3516
劃撥戶名	英屬蓋曼群島商家庭傳媒股份有限公司城邦分公司
香港發行	城邦（香港）出版集團有限公司
地址	香港灣仔駱克道 193 號東超商業中心 1 樓
電話	852-2508-6231
傳真	852-2578-9337
馬新發行	城邦（馬新）出版集團 Cite（M）Sdn. Bhd.
地址	41, Jalan Radin Anum, Bandar Baru Sri Petaling, 57000 Kuala Lumpur, Malaysia.
電話	603-90578822
傳真	603-90576622
總經銷	聯合發行股份有限公司
電話	02-29178022
傳真	02-29156275
製版印刷	凱林彩印股份有限公司
定價	新台幣 330 元／港幣 110 元
ISBN	978-986-408-388-6

2018 年 6 月初版一刷 · Printed In Taiwan

Kantan! Kawaii! 3 × 3 no Asagopan

Copyright © 2017 Aya

Chinese translation rights in complex characters arranged with KOBUNSHA CO., LTD.

through Japan UNI Agency, Inc., Tokyo

The Traditional Chinese Characters Edition is published by My House Publication Inc., a division of Cité Publishing Ltd.